林业技术专业群新形态系列教材

数据库程序设计

衣德萍　王　炎　主编

中国林业出版社
CFPH China Forestry Publishing House

图书在版编目(CIP)数据

数据库程序设计 / 衣德萍，王炎主编. — 北京：中国林业出版社，2023.7
林业技术专业群新形态系列教材
ISBN 978-7-5219-2260-8

Ⅰ.①数… Ⅱ.①衣… ②王… Ⅲ.①关系数据库系统-高等职业教育-教材 Ⅳ.①TP311.132.3

中国国家版本馆 CIP 数据核字(2023)第 133901 号

策划编辑：田　苗
责任编辑：田　苗
责任校对：苏　梅
封面设计：时代澄宇

出版发行：中国林业出版社
(100009，北京市西城区刘海胡同 7 号，电话 83223120)
电子邮箱：cfphzbs@163.com
网址：www.forestry.gov.cn/lycb.html
印刷：北京中科印刷有限公司
版次：2023 年 7 月第 1 版
印次：2023 年 7 月第 1 次
开本：787mm×1092mm　1/16
印张：12.25
字数：289 千字
定价：49.00 元

数字资源

前言

本教材以 Visual FoxPro 6.0 中文版为平台，结合高职高专非计算机专业数据库程序设计课程的具体要求，从方便学生自学的目的出发，按照“理实一体化”“做中学、做中教”等职业教育教学理念编写。

本教材按照项目-任务体例编写，主要内容包括 9 个项目，即创建自由表、数据库管理、查询与视图创建、结构化查询语言 SQL、报表设计、表单创建、程序设计基础、菜单设计与应用、应用系统开发。全书知识点清晰、语言简明扼要，按学生认知规律编排内容，符合职业教育教改理念，使读者逐步掌握 Visual FoxPro 的基本操作及面向对象程序设计，并能独立进行小型应用系统开发。每个项目下设任务，每个任务包括工作任务、任务实施、知识链接、考核评价；知识链接内容图文并茂，结合大量实用、丰富的实例，深入浅出地介绍编程方法和应用程序开发等方面的理论知识；考核评价采用“2+1”评价机制，即任务完成情况、自我评定和同学评定；每个项目还配有巩固训练、视频操作、PPT 课件及其他在线资源等供教师和学生使用，符合教学逻辑，实用性强。

本教材由衣德萍、王炎担任主编，黄红兰、廖彩霞担任副主编，具体分工如下：项目 1 由黄海虹编写；项目 2 由黄红兰编写；项目 3 由廖彩霞编写；项目 4、项目 5 由王炎编写；项目 6 由曾程文编写；项目 7、项目 9 由衣德萍编写；项目 8 由周冬梅编写。全书由衣德萍统稿。

本教材既可作为高职高专非计算机专业数据库相关课程的教材，也可作为工程技术人员学习数据库的参考资料，还可供社会各类计算机应用人员阅读参考。

由于编者水平所限，书中错误和疏漏之处在所难免，敬请各位读者在使用中给予批评指正，恳请各位老师和专家不吝赐教。

编　者

2022 年 9 月

《数据库程序设计》
编写人员

主　　编：衣德萍　王　炎

副 主 编：黄红兰　廖彩霞

编写人员：（按姓氏拼音排序）

黄海虹（江西环境工程职业学院）

黄红兰（江西环境工程职业学院）

廖彩霞（江西环境工程职业学院）

王　炎（江西环境工程职业学院）

衣德萍（江西环境工程职业学院）

曾程文（江西核工业测绘院集团有限公司）

周冬梅（江西环境工程职业学院）

目录

项目1 创建自由表

学习目标

知识目标

1. 掌握 Visual FoxPro 6.0 的基本操作；
2. 掌握 Visual FoxPro 6.0 中的数据类型、常量与变量；
3. 掌握自由表的创建方法；
4. 掌握修改自由表结构的方法；
5. 掌握追加、删除表记录的方法；
6. 掌握表的索引和排序方法；
7. 掌握表的数据统计操作方法；
8. 掌握用命令对表进行操作的方法。

技能目标

1. 能使用不同方法打开和退出 Visual FoxPro 6.0；
2. 能根据要求创建和修改自由表；
3. 能对自由表进行编辑；
4. 能对自由表进行排序、索引和数据统计；
5. 能够使用命令对表进行操作。

素质目标

1. 使学生树立社会主义核心价值观，具有爱国主义精神；
2. 培养学生的工匠精神；
3. 培养学生发现问题、解决问题的能力。

任务1-1 认识 Visual FoxPro 6.0

工作任务

启动和退出 Visual FoxPro 6.0，熟悉工作界面和工具栏、命令窗口的使用，初步学会使用该软件。

任务实施

1. 启动 Visual FoxPro 6.0

有以下两种方法：

①单击屏幕左下角的“开始”→“所有程序”→“Microsoft Visual FoxPro6.0”→“Microsoft Visual FoxPro 6.0”。

②双击桌面快捷方式。

2. 退出 Visual FoxPro

有以下 4 种方法：

①单击主界面右上角的“关闭”按钮。

②单击“文件”→“退出”。

③在命令窗口输入“QUIT”命令，然后按回车键。

④按 Alt+F4 快捷键。

知识链接

1. Visual FoxPro 6.0 工作界面

启动 Visual FoxPro，进入 Visual FoxPro 6.0 工作界面，如图 1-1 所示。主界面由标题栏、菜单栏、工具栏、主窗口工作区、命令窗口、状态栏等组成。

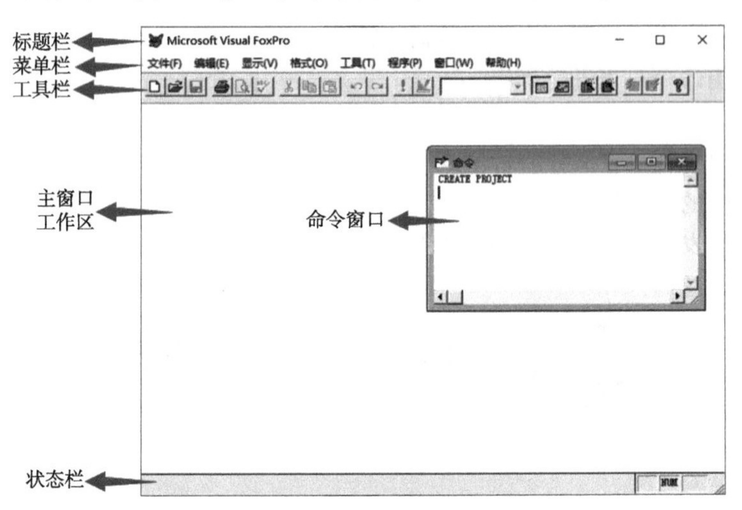

图 1-1 Visual FoxPro 6.0 工作界面

标题栏：显示 Visual FoxPro 6.0 的名称和显示窗口控制菜单图标等。

菜单栏：显示所有的菜单选项，用户选中某一菜单项后，其下方会出现下拉式菜单，列出该菜单所包含的命令。

工具栏：由若干按钮组成。每个按钮都对应一个特定的菜单功能，是菜单命令的快捷使用方式。Visual FoxPro 6.0 有 11 种工具栏供用户选用。默认显示常用工具栏，其余的工具栏可由用户根据需要决定是否显示。这里需要说明的是，Visual FoxPro 6.0 有近 500 个命令，菜单中的菜单项是常用命令，而工具栏中的按钮都是最常用命令的快捷方式。

主窗口工作区：用于显示输出结果及各种工具，并且各种工作窗口也将在此展开。

命令窗口：允许用户输入 Visual FoxPro 的各种命令和语句，实现交互操作。在命令窗口中可以直接接受用户输入的各种命令，同时也可自动显示与用户的界面操作相对应的命令。用户使用过的命令和系统根据用户的操作所显示出来的命令，都会作为历史命令保存在命令窗口中，供用户翻阅和重复使用，以节省操作时间。

状态栏：显示 Visual FoxPro 6.0 当前执行状态和各种元素的简要说明等。

2. 工具栏的使用

显示与关闭工具栏步骤如下：

①菜单栏选择“显示”→“工具栏”，弹出如图 1-2 所示的工具栏面板。

②选择要打开的工具栏，单击“确定”按钮，即打开相应的工具栏。

③在工具栏面板中，单击要关闭的工具栏前的复选框，可取消工具栏的选择，单击“确定”按钮，即可关闭相应的工具栏。

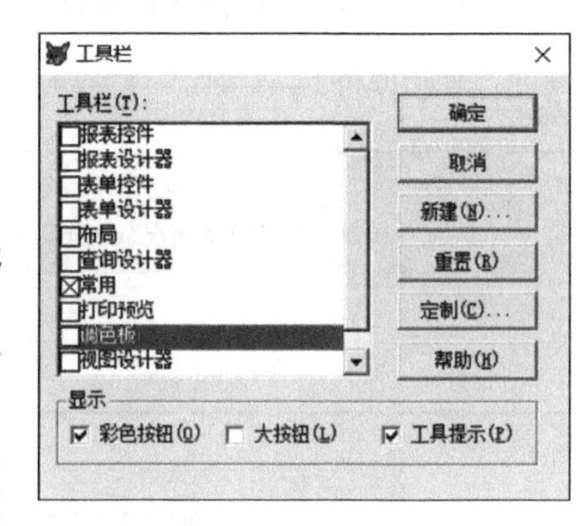

图 1-2　工具栏面板

3. Visual FoxPro 6.0 的使用

选择表单样式为“标准式”，向导将在放大镜中显示该样式的示例。设置按钮类型为“文本按钮”。按钮类型用于设定表单上定位按钮的外观。再单击“下一步”按钮。

①在 Visual FoxPro 6.0 主菜单中选择“文件”→“新建”命令，或在工具栏中单击“新建”按钮，打开“新建”对话框(图 1-3)。

②选择“程序”选项，“程序”前面的单选框就会出现选中标志。

③单击“新建文件”按钮，打开程序文件编辑器，并输入如图 1-4 所示的内容。

④选择“文件”→“保存”命令，或单击工具栏中的“保存”按钮，打开“另存为”对话框，选择保存的路径和程序名称。

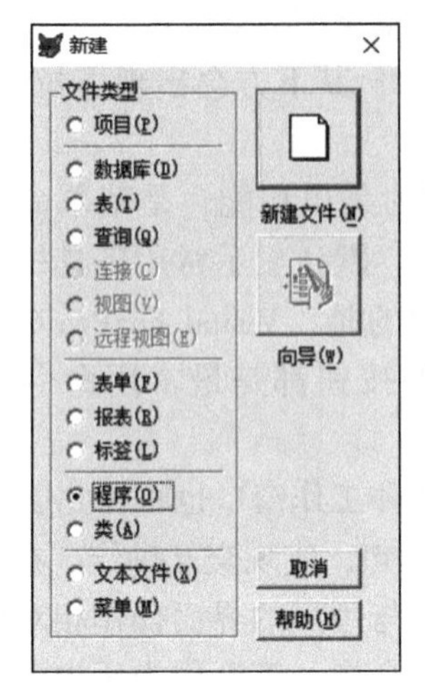

图 1-3 “新建”对话框

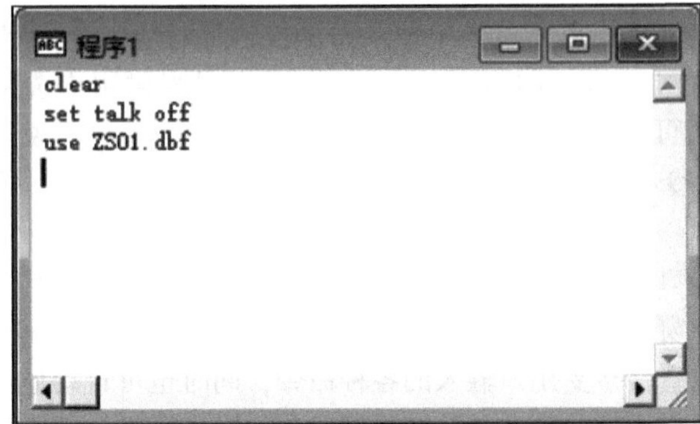

图 1-4 输入内容

⑤单击“保存”按钮保存文件。

 考核评价

评价内容	按要求 完成任务情况(60 分)	自我评定(20 分)	同学评定(20 分)
得分			
合计			

任务 1-2 认识 Visual FoxPro 6.0 语言

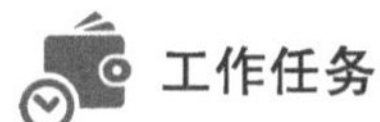 工作任务

掌握 Visual FoxPro 6.0 的数据类型、内存变量、数组，掌握表达式的组成及应用，掌握内部函数的应用。

 任务实施

1. 认识并测试 Visual FoxPro 6.0 数据类型

(1) 认识 Visual FoxPro 6.0 数据类型

在命令窗口中输入以下命令并按回车键：

```
X=5
Y="张三"
Z={^2022/7/17}
P=.T.
DISPLAY MEMORY
```

结果如图 1-5 所示。

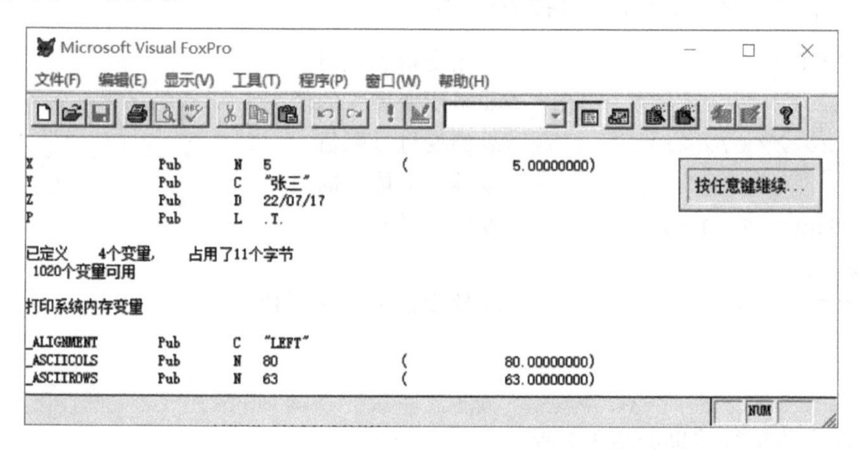

图 1-5 执行结果

(2)测试数据类型

在命令窗口中依次输入以下命令并按回车键：

```
? TYPE("x")
? TYPE("y")
? TYPE("z")
? TYPE("p")
```

结果如图 1-6 所示。

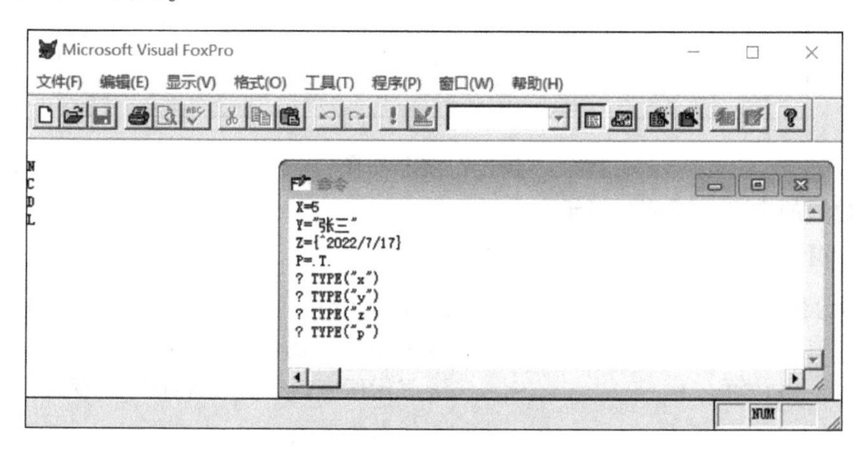

图 1-6 执行结果

其中，N 表示变量为数值型；C 表示变量为字符型；D 表示变量为日期型；L 表示变量为逻辑型。

2. 内存变量、数组的赋值与显示

(1) 内存变量的赋值与显示

在命令窗口中输入以下命令并按回车键：

```
A="中国合肥"                && 给变量 A 赋值
?A                          && 显示变量 A 的值
B={^2022/07/21}             && 给变量 B 赋值
?B                          && 显示变量 B 的值
M=[Visual FoxPro]           && 给变量 M 赋值
N="数据库"
STORE 10 TO X,Y,Z           && 给变量 X、Y、Z 赋值
?M,N
?X,Y,Z
```

以上命令的执行结果如图 1-7 所示。

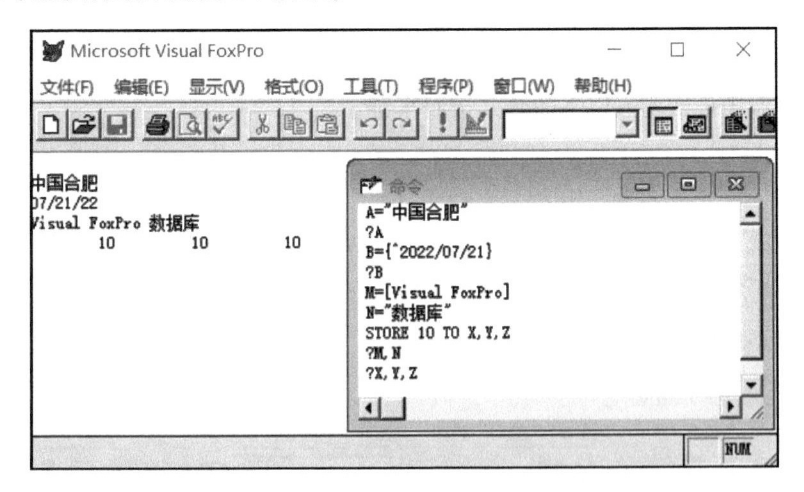

图 1-7　执行结果

(2) 数组的定义、赋值与显示

在命令窗口中输入以下命令并按回车键：

```
DIMENSION K(5),S(2,3)       && 定义数组
?S,K                        && 显示 S、K 的值
DISPLAY MEMORY              && 显示所有内存变量,包括系统变量
S=0                         && 给数组赋值
DISPLAY MEMORY              && 显示所有内存变量,观察 S 数组值的变化情况
```

```
K(1)=9                              && 给数组元素赋值
K(4)=8
DISPLAY MEMORY                      && 显示所有内存变量,观察 K 数组值的变化情况
```

观察结果，并思考执行 DIMENSION 命令后数组元素的值是什么类型，值为多少。

3. 内部函数的应用

(1) 字符函数

字符函数的处理对象为字符型数据，但其返回值的类型根据函数的不同可以是数值型或字符型。

在命令窗口中输入以下命令，观察运行结果：

```
A="江西"+SPACE(5)                   && SPACE(5)函数产生由 5 个空格组成的字符串
B="是个美丽的城市"
? LEN(A+B),LEN(A-B),LEN(TRIM(A)-B)
E= SUBSTR(B,5,6)
A="江西是个美丽的城市"
B="美丽"
? AT(B,A)
C=LEFT(A,4)
D=RIGHT(A,4)
?C+E+D
```

以上命令的执行结果如图 1-8 所示。

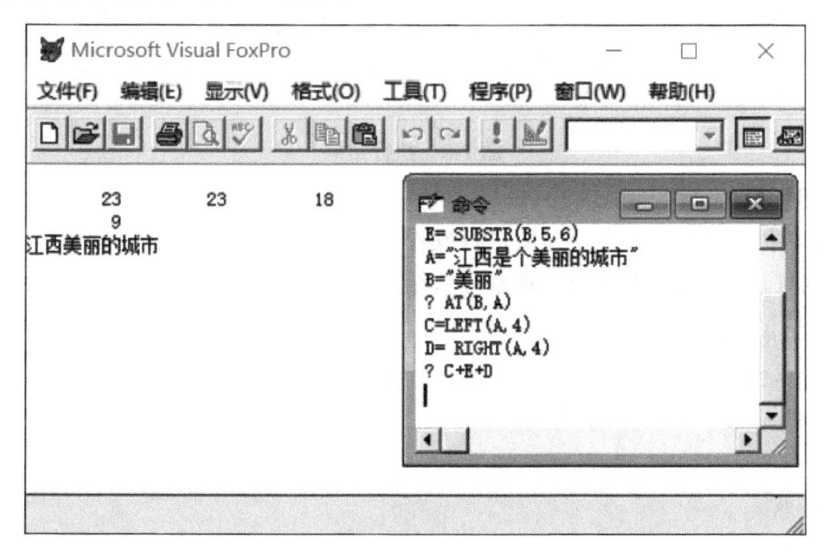

图 1-8 执行结果

(2)数值函数

数值函数的参数和返回的类型都是数值型。

在命令窗口中输入以下命令，观察运行结果：

```
X=-1234
Y='5.78'
Z= -12.75
? INT(VAL(Y))
? ABS(X),SQRT(4)
? MOD(36,10),MOD(36,-10),MOD(-36,10),MOD(-36,-10)
? MAX(X,Z)
? MIN(X,Z)
? EXP(2),EXP(-2)
? INT(Z),INT(3.85)
```

以上命令的执行结果如图 1-9 所示。

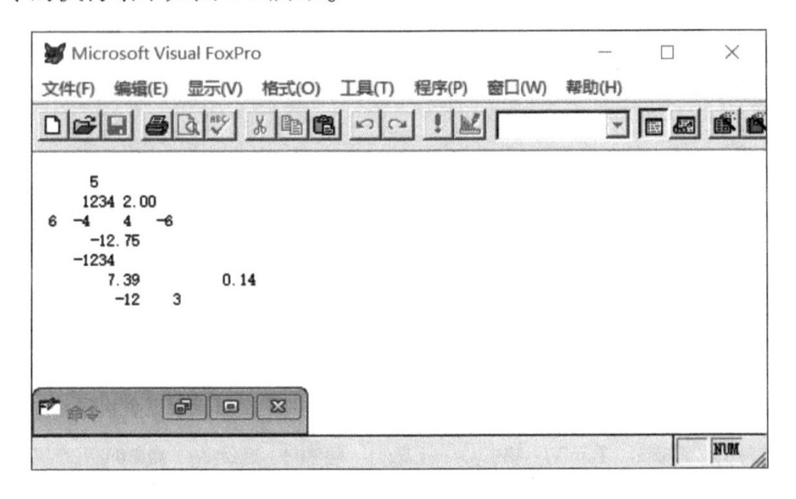

图 1-9 执行结果

(3)日期函数

日期函数主要用于对日期型参数进行操作。

在命令窗口中输入以下命令，观察运行结果：

```
? DATE(),TIME()
? YEAR(DATE()),MONTH(DATE()),DAY(DATE())
A= YEAR(DATE())
? TYPE("DATE()")
? TYPE('A')
B= MONTH(DATE())
? TYPE("B")
```

```
C= DAY(DATE())
? TYPE("C")
```

以上命令的执行结果如图 1-10 所示。

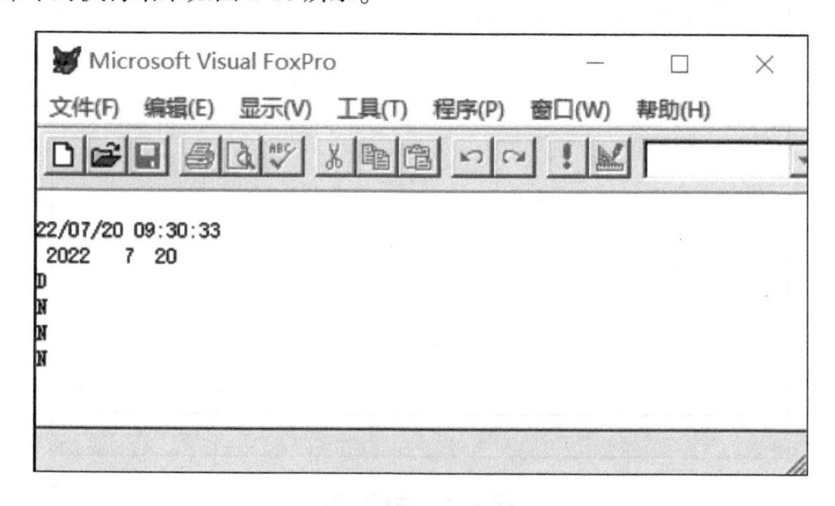

图 1-10　执行结果

(4) 转换函数

在命令窗口中输入以下命令，观察运行结果：

```
? STR(45.789)
? LEN(STR(45.789))
? STR(45.789,6,3)
? LEN(STR(45.789,6,3))
? STR(45.789,5,3)
? STR(45.789,4)
? STR(45.789,1)
? VAL("123")+55
? VAL(" ABC123")+55
? VAL("234ABC123")+55
? CHR(97)
? ASC("FFGCHJH")
C= "22/01/09"
D= CTOD(C)
? TYPE("C"),TYPE("D")
X={^2022-9-1}
Y=DTOC(X)
? TYPE("X"),TYPE("Y")
```

以上命令的执行结果如图 1-11 所示。

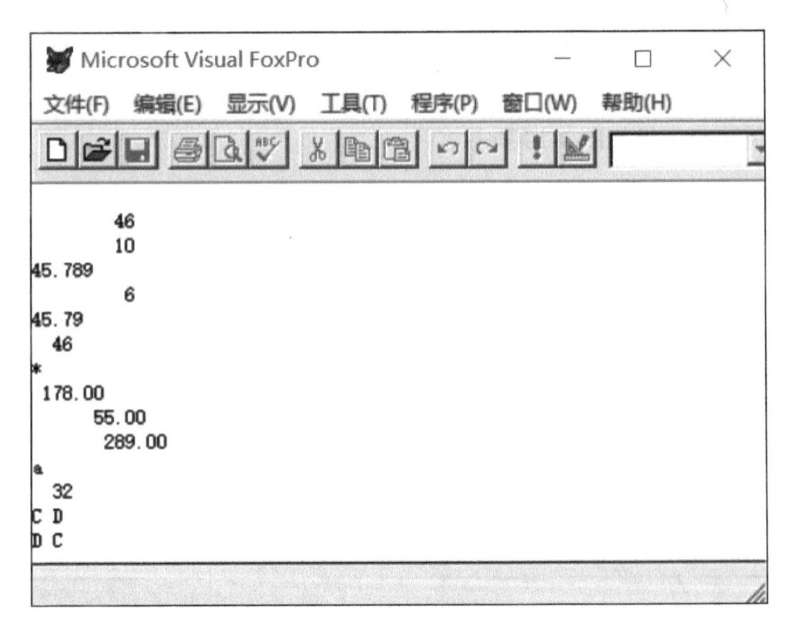

图 1-11　执行结果

4. 表达式的使用

(1) 数值表达式的使用

在命令窗口中输入以下命令，观察运行结果：

```
A=2
B=4
? (-A^2+B)*4/B+INT(MOD(A,B))
? A*B/3+(A-5)/B
```

观察以上命令的执行结果，总结数学运算符的优先级次序。

(2) 字符表达式的使用

在命令窗口中输入以下命令，观察运行结果：

```
A="林业出版社"
B="中国"
? B+A
B-A
? B-A
? LEN(A+B),LEN(B-A)
? B$(A+B),B$A
```

以上命令的执行结果如图 1-12 所示。

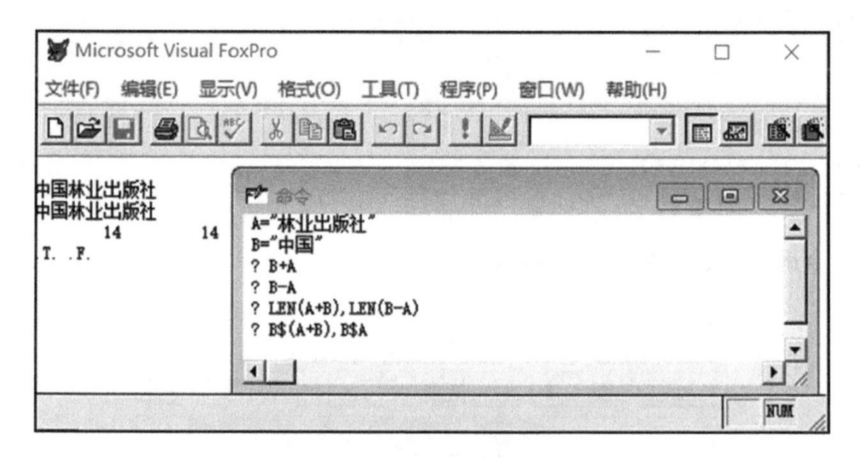

图 1-12 执行结果

(3) 时间表达式的使用

在命令窗口中输入以下命令，观察运行结果：

```
A= {^1992/12/20}
?"我是"+STR(YEAR(A),4)+"年出生的,今年"+STR(INT((DATE()-A))/365,2)+"岁。"
?"今天是"++STR(MONTH(DATE()),2)+"月"+STR(DAY(DATE()),2)+""
?"距我过生日还有",{^2022/12/20}-{^2022/7/20}+"天"
```

以上命令在2022年7月20日运行的结果如图1-13所示。

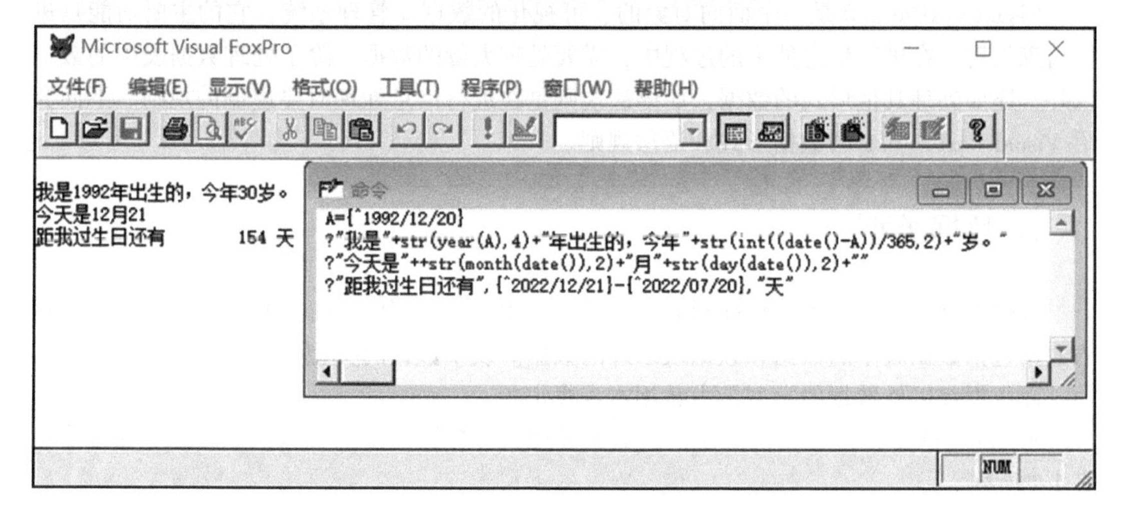

图 1-13 执行结果

(4) 逻辑表达式的使用

在命令窗口中输入以下命令，观察运行结果：

```
A="我是中国人!"
B="中国"
```

```
C=5
?C=5
?C=5.AND.B$A
?.NOT.C=5.AND.B$A
?.NOT.C=5.OR.B$A
```

以上命令运行的结果如图 1-14 所示。

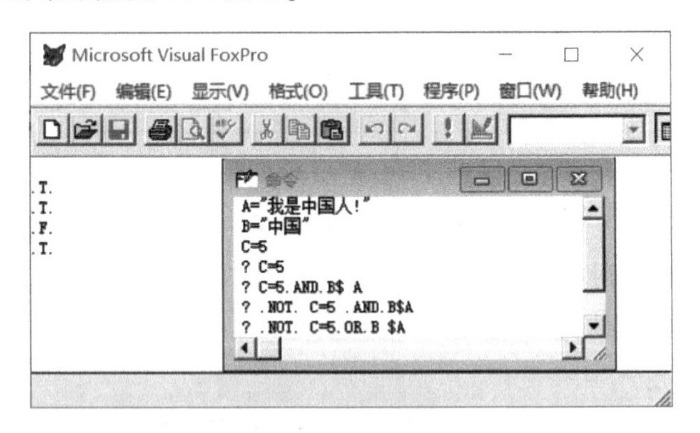

图 1-14 执行结果

知识链接

Visual FoxPro 6.0 是一个面向对象的、可视化的数据库管理系统，它的主要功能是进行信息处理。在进行信息处理的过程中，需要处理大量的数据。除了处理数据表中的数据以外，还要处理其他形式的数据，而语法规则是在进行信息处理时要遵循的规则。下面介绍 Visual FoxPro 6.0 的数据形式和语法规则。

1. 数据类型

数据类型决定了数据的存在形式、存储方式和运算规则。Visual FoxPro 6.0 所能处理的数据包括数据表中的数据和数据表以外的数据。表中数据的类型是在定义表结构时定义的，而数据表以外数据的类型是由数据本身决定的。

Visual FoxPro 向用户提供了丰富的数据类型，各数据类型的代码、字段长度和说明见表 1-1 所列。

表 1-1 数据类型

数据类型	字段长度	说 明
字符型(C)	≤254 字节	用各种文字字符表示的数据
数值型(N)	≤20 位	表示数量并可进行算术运算的数据类型
货币型(Y)	8 字节	为存储货币值而使用的一种数据类型
浮点型(F)	≤20 位	整数或小数

（续）

数据类型	字段长度	说 明
日期型(D)	8 字节	由年、月、日构成的日期数据
日期时间型(T)	8 字节	表示日期和时间的数据
双精度型(B)	8 字节	精度更高的双精度值
整型(I)	4 字节	不带小数部分的数值
逻辑型(L)	1 字节	描述客观事物真假的数据类型
备注型(M)	4 字节	用于存放较多字符的数据类型，不定长
通用型(G)	4 字节	用于存储 OLE 对象
字符型(二进制)	4 字节	以二进制格式存储的数据类型
备注型(二进制)	4 字节	以二进制格式存储的数据类型

2. 常量

常量是在程序运行过程中数值不变的具体数据值，不同类型常量的书写格式不同。

(1) 字符型常量

字符型常量简称字符串，由字符型数据组成。使用字符型常量时，必须用单引号、双引号或方括号等定界符括起来，并且定界符必须成对使用。例如，'中国'、"Visual FoxPro"、[学生]都是字符型常量。

当字符型常量本身就含有某种定界符时，应该选择所含定界符之外的另一种定界符作为该字符型常量的定界符。例如，[古人云："少壮不努力，老大徒伤悲。"]，其中的双引号是字符型常量的一部分，方括号才是该字符型常量的定界符。

(2) 数值型常量

数值型常量由数值型数据组成，即数学中的十进制实数。例如，12、123.45、-123.45 等都是数值型常量。数字 0~9 不仅可以组成数值型常量，为其加上定界符后还可以组成字符型常量。例如，123 是数值型常量，加上双引号后的"123"则为字符型常量。

(3) 逻辑型常量

逻辑型常量由逻辑型数据组成，用下圆点作为定界符。逻辑型常量只有真和假两种值，一般用 .T.(.t.)或 .Y.(.y.)表示真值，用 .F.(.f.)或 .N.(.n.)表示假值。

(4) 日期型常量

日期型常量是指由花括号括起来的日期型数据，其一般格式为{^yyyy/mm/dd}。其中，yyyy 是表示年的四位数字，mm 是表示月的两位数字，dd 是表示日的两位数字。

日期型数据的默认显示格式为 mm/dd/yy。例如，若日期型常量为{^2022/04/27}，执行显示数据命令后，则屏幕上显示的信息为 04/27/22。

(5) 日期时间型常量

日期时间型常量是指由花括号括起来的日期时间型数据，包括日期和时间两部分。其一般格式为{^yyyy-mm-dd hh:mm:ss a|p}，其中的 yyyy、mm、dd 同日期型常量中的含义

相同，hh 是表示小时的两位数字，mm 是表示分钟的两位数字，ss 是表示秒的两位数字，a|p 则表示上午/下午。例如：{^2022-04-26 08:40:32 a}就是一个日期时间型常量，表示的时间是 2022 年 4 月 26 日的上午 08 时 40 分 32 秒。

(6) 货币型常量

货币型常量由货币型数据组成，默认以 $ 符号开头，并四舍五入到 4 位小数。例如，$123、$123.456 均为货币型常量。

3. 变量

变量是指在数据处理过程中其值可以发生改变的量，包括字段变量和内存变量两种。

(1) 变量的命名

变量的命名规则如下：

①变量名由字母、汉字、数字和下划线组成，并且必须以字母或下划线开头。

②变量名的长度最多为 128 个字符。

③变量名不能与系统的保留字(保留字是指 Visual FoxPro 中使用的命令等，如 if)相同。

(2) 字段变量

字段变量是指存储在数据表中的变量。在数据表中，字段变量必须先定义后赋值。字段变量的定义主要包括给定变量名、变量类型、变量长度和小数位数等操作，具体操作将在后面的章节中进行介绍。

字段变量是一种多值变量，随数据表中记录的不同而取值不同。

(3) 内存变量

内存变量是指存储在内存中的变量，通常用于保存中间结果或控制程序流程。根据是否有用户参与定义，可将内存变量分为系统内存变量和用户自定义内存变量两类。在程序的使用中，通过变量名引用内存变量。

①内存变量的赋值

命令格式 1：<内存变量名>=<表达式>。例如：a=123。

命令格式 2：STORE<表达式>TO<内存变量表>。例如：STORE "Visual FoxPro" TO X。

②显示内存变量

命令格式：DISPLAY MEMORY[LIKE 变量通配名]。

命令语句中的"LIKE 变量通配名"用于选择与"变量通配名"相匹配的内存变量，缺省该选项将显示所有内存变量。"变量通配名"中可以使用通配符"?"代替一个字符，使用"*"代替一个或多个字符。

③输出内存变量的值

命令格式 1:? <表达式表>。

这种方式输出前先执行一次回车换行，再输出各表达式的值。

命令格式 2:?? <表达式表>。

这种方式直接在当前光标所在位置输出各表达式的值。

④删除内存变量　当内存变量不用时，应及时删除以释放它们所占用的空间。删除所有用户自定义的内存变量，可以使用命令：CLEAR MEMORY。如果想要删除某个指定的用户自定义内存变量，可以使用命令：RELEASE<内存变量表>。其中的“内存变量表”中每两个内存变量名之间用逗号分隔。

4. 数组

数组是一种特殊的内存变量，它按照一定的排列顺序组织变量，其中各有序变量称为数组元素。

数组名指定数组的名字，数组中的各数组元素拥有相同的变量名(即数组名)。数组名的命名规则与内存变量的命名规则相同。

数组的下标指定数组元素的个数。如果数组下标是一个数，则称这个数组为一维数组，如SR(8)；如果数组下标为两个数，则称这个数组为二维数组，如ST(3,9)。

(1)数组的定义

不同于内存变量的赋值和定义可以同时进行，数组必须先定义才能赋值。定义数组的DIMENSION命令的基本格式如下：

DIMENSION<数组名1>(行[列]),数组名2(行[,列])

例如：DIMENSION SR(8),ST(3,9)命令定义了一个有8个元素的一维数组SR和一个有3×9个元素的二维数组ST。

(2)数组的赋值与显示

为数组元素赋值可以使用内存变量的赋值命令。数组既可以作为一个整体进行操作，也可以对每个数组元素单独操作。因此，用户既可以给数组的所有元素赋同一个值，也可以给数组元素分别赋值。

例如：SR="Visual FoxPro"命令的结果是为数组SR(8)中的8个元素赋予相同的值“Visual FoxPro”；ST(2,4)="55"命令的结果是为数组元素ST(2,4)赋值55。

(3)数组的删除

删除数组的命令与删除内存变量的命令相同。

5. 函数

在Visual FoxPro系统中，函数是一段具有特定功能的程序代码，它常以表达式的形式出现，或包含在某个表达式中。

Visual FoxPro 6.0为用户提供了200多种函数。按提供的方式可分为系统(标准)函数和用户自定义函数两种类型。

使用时应注意，函数是一类数据项，不能像命令一样单独使用(除个别函数外，如宏)，只能作为命令中的一部分进行运算操作。

1）函数的一般形式

函数的一般形式为：函数名(<自变量1>,<自变量2>,…,<自变量n>)。其中，函数名是 Visual FoxPro 中的保留字。格式中的每个自变量之间必须以逗号分隔。

函数相当于一段子程序，它的运算结果是根据给定的参数返回一个值，即函数值。例如：

```
? INT(5.5)                    && 显示函数值 5
? SQRT(9)                     && 显示函数值 3
```

2）函数的类型

用户操作时必须了解函数的类型，才能进行合法的数据运算，得出正确的操作结果。

函数的类型其实就是函数值的类型。函数的类型有数值型、字符型、日期型、逻辑型等。用 TYPE( ) 函数可测出函数的类型，例如：? TYPE('SQRT(9)') && 显示 N，表示 SQRT( )是个数值型函数；? TYPE ('DATE( ) ') && 显示 D，表示 DATE( )是个日期型函数。

3）常用函数

根据函数的功能，可以将常用的函数分为数值函数、字符函数、日期和时间函数、数据类型转换函数、测试函数 5 类。

(1) 数值函数

数值函数的特点是自变量和返回值都是数值型数据。

①绝对值函数

格式：ABS(<数值表达式>)

功能：求一个数的绝对值。

【例 1-1】求下列函数的绝对值：

?ABS(32), ABS(32-64), ABS(-32)

主窗口显示结果：

32　　　　32　　　　32

②符号函数

格式：SIGN(<数值表达式>)

功能：当自变量值为正时，返回 1；当自变量值为负时，返回-1；当自变量值为 0 时，返回 0。

【例 1-2】求下列符号函数的值：

?SIGN(23-45)

主窗口显示结果：

-1

③平方根函数

格式：SQRT(<数值表达式>)

功能：返回指定表达式的平方根。

说明：自变量不能为负，默认计算结果为 2 位小数。“SET DECIMALS TO”命令可设置运算结果的小数位数。

【例 1-3】求下列平方根函数的值：

? SQRT(25)

主窗口显示结果：

5

④圆周率函数

格式：PI()

功能：返回圆周率 π 的值，该函数没有自变量。

⑤求整数函数

格式：INT(<数值表达式>)

功能：返回指定数值表达式的整数部分。只取表达式值的整数部分，舍去小数部分。

【例 1-4】求下列求整数函数的值：

STORE 25.357 TO X

? INT(X)

主窗口显示结果：

25

⑥求上限函数

格式：CEILING(<数值表达式>)

功能：返回大于或等于指定数值表达式的最小整数。

【例 1-5】求下列求上限函数的值：

X=11.7

? CEILING (X), CEILING (-X)

主窗口显示结果：

12　　　　-11

⑦求下限函数

格式：FLOOR(<数值表达式>)

功能：返回小于或等于指定数值表达式的最大整数。

【例 1-6】求下列求下限函数的值：

X=11.7

? FLOOR (X), FLOOR (-X)

主窗口显示结果：

11　　　　-12

⑧四舍五入函数

格式：ROUND(<数值表达式 1>, <数值表达式 2>)

功能：返回指定表达式在指定位置四舍五入后的结果。

说明：<数值表达式 1>是被四舍五入的数值表达式，<数值表达式 2>指明四舍五入的位置。若<数值表达式 2>大于等于 0，则表示要保留的小数位数；若<数值表达式 2>小于 0，那么它表示的是整数部分的舍入位数。

【例 1-7】求下列函数的值：

X=987.654

?ROUND(X,1),ROUND(X,0),ROUND(X,-2)

主窗口显示结果：

987.7　　　　988　　　　1000

⑨求余函数

格式：MOD (<数值表达式 1>, <数值表达式 2>)

功能：返回两个数值相除后的余数。

说明：<数值表达式 1>是被除数，<数值表达式 2>是除数。余数的正负号与除数相同。如果被除数与除数同号，那么函数即为两数相除的余数；如果被除数与除数异号，则函数值为两数相除的余数再加上除数的值。

【例 1-8】求下列求余函数的值：

?MOD(13,4),MOD(13,-4),MOD(-13,4),MOD(-13,-4)

主窗口显示结果：

1　　　　-3　　　　3　　　　-1

⑩求最大值函数

格式：MAX(<数值表达式 1>,<数值表达式 2>[,<数值表达式 3>…])

功能：MAX ()计算各自变量表达式的值，并返回其中的最大值。

说明：求最大值时，所有表达式的类型必须一致。

【例 1-9】求下列求最大值函数的值：

?MAX('3','8','11'),MAX('学号','姓名','性别')

主窗口显示结果：

8　　　　学号

⑪求最小值函数

格式：MIN(<数值表达式 1>,<数值表达式 2>[,<数值表达式 3>…])

功能：MIN ()计算各自变量表达式的值，并返回其中的最小值。

说明：求最小值时，所有表达式的类型必须一致。

【例 1-10】求下列求最小值函数的值：

?MIN('3','8','11'),MIN('学号','姓名','性别')

主窗口显示结果：

11　　　　性别

(2)字符函数

字符函数是指自变量是字符型数据的函数。

①求字符串长度函数

格式：LEN(<字符表达式>)

功能：返回指定字符表达式值的长度，即所包含的字符个数。

说明：函数值为数值型。

【例 1-11】求下列函数的值：

X="VPF 数据库设计"

?LEN (X)

主窗口显示结果：

13

②大小写转换函数

格式：LOWER(<字符表达式>), UPPER (<字符表达式>)

功能：LOWER()把指定的<字符表达式>中的大写字母转换成小写字母。UPPER()把指定的<字符表达式>中的小写字母转换成大写字母。

【例 1-12】求下列大小写转换函数的值：

?UPPER('jiangxihuanjinggongchengzhiyexueyuan'), LOWER('JiangXi')

主窗口显示结果：

JIANGXIHUANJINGGONGCHENGZHIYEXUEYUAN jiangxi

③空格字符串生成函数

格式：SPACE(<数值表达式>)

功能：返回由指定数目的空格组成的字符串。

④删除前后空格函数

格式：ALLTRIM(<字符表达式>)

功能：返回指定字符表达式值去掉前导和尾部空格后形成的字符串。

【例 1-13】求下列删除前后空格函数的值：

STORE space(3)+"VFP"+space(4) to S

?LEN(ALLTRIM(S))

主窗口显示结果：

3

⑤删除串尾空格函数

格式：TRIM(<字符表达式>)/RTRIM(<字符表达式>)

功能：返回指定字符表达式值去掉尾部空格后形成的字符串。

【例 1-14】求下列删除串尾空格函数的值：

STORE space(3)+"VFP"+space(4) to S

?LEN(TRIM (S))

主窗口显示结果：

6

⑥删除串首空格函数

格式：LTRIM(<字符表达式>)

功能：返回指定字符表达式值去掉前导空格后形成的字符串。

【例 1-15】求下列删除串首空格函数的值：

STORE space(3)+"VFP"+space(4) to S

?LEN(LTRIM (S))

主窗口显示结果：

7

⑦取左串函数

格式：LEFT(<字符表达式>, <长度>)

功能：从一个字符串左边取子串。

【例 1-16】求下列取左串函数的值：

STORE " Visual FoxPro" to S

X=LEFT(S, 8)

?X

主窗口显示结果：

Visual F

⑧取右串函数

格式：RIGHT(<字符表达式>, <长度>)

功能：从一个字符串右边取子串。

【例 1-17】求下列取右串函数的值：

STORE " Visual FoxPro" to S

X=RIGHT(S, 6)

?X

主窗口显示结果：

FoxPro

⑨取任意子串函数

格式：SUBSTR(<字符表达式>, <长度>)

功能：从一个字符串中取子串。

【例 1-18】求下列取任意子串函数的值：

STORE "Visual FoxPro" to S

X=SUBSTR (S, 8, 4)

Y=SUBSTR (S, 8)

?X, Y

主窗口显示结果：

FoxP FoxPro

⑩计算子串出现次数函数

格式：OCCURS(<字符表达式 1>, <字符表达式 2>)

功能：返回第一个字符在第二字符串中出现的次数，函数值为 N 型。

【例 1-19】求下列计算子串出现次数函数的值：

STORE " Jiangxi Environmental Engineering Vocational College" to S

?OCCURS ("xi", S), OCCURS ("on", S), OCCURS ("xr", S)

主窗口显示结果：

1 2 0

⑪求子串位置函数

格式 1：AT(<字符表达式 1>, <字符表达式 2>, [<字符表达式>])

格式 2：ATC(<字符表达式 1>, <字符表达式 2>, [<字符表达式>])

功能：若字符串 1 是字符串 2 的子串，则返回字符串 1 首字符在字符串 2 中的位置；若不是，则返回 0。

说明：<数字表达式>指明字符串 1 在字符串 2 中第 N 次出现的位置。

【例 1-20】求下列求子串位置函数的值：

STORE "Jiangxi Environmental Engineering Vocational College" to S

?AT("xi",S),AT("on",S),ATC("xr",S),AT("Vo",S)

主窗口显示结果：

7 15 0 36

⑫子串替换函数

格式：STUFF(<字符表达式 C1>, <起始位置 N1>, <长度 N2>, <字符表达式 C2>)

功能：用 C2 替换 C1 中起始位置开始的 N 个字符。

说明：

- 若 N1 大于 C1 的长度，将 C2 连到 C1 后面；
- 若 N2=0，将 C2 插到 C1 中第 N1 个字符后面；
- 若 C2 是空串，删除 C1 中由 N1 指定的 N2 长度的字符串。

【例 1-21】求下列子串替换函数的值：

STORE "数据库技术课程" to S

?STUFF (S,7,4,"程序")

?X

主窗口显示结果：

数据库程序课程

⑬字符替换函数

格式：CHRTRAN(<字符表达式 C1>, <字符表达式 C2>, <字符表达式 C3>)

功能：当 C1 中的一个或多个字符与 C2 匹配时，用 C3 中对应字符替换这些字符；若 C3 中字符少于 C2 中字符，则 C1 中会被删掉字符；若 C3 中字符多于 C2 中字符，多余的被忽略。

【例 1-22】求下列字符替换函数的值：

?CHRTRAN('ABCDEFG','BDF','OPQ')

主窗口显示结果：

AOCPEQG

⑭字符串匹配函数

格式：LIKE(<字符表达式 C1>, <字符表达式 C2>)

功能：若 C1 与 C2 所有对应位置都匹配，返回 .T.，否则返回 .F.。

【例 1-23】求下列字符串匹配函数的值：

?LIKE("ABC*","ABCDEFG"),LIKE("Xyz*","xyz")

主窗口显示结果：

.T. .F.

(3) 日期和时间函数

①日期函数

格式：DATE( )

功能：返回当前系统日期，函数值为日期型。

②时间函数

格式：TIME( )

功能：以 24 小时制的 hh: mm: ss 格式返回当前系统时间，函数值为时间型。

③日期时间函数

格式：DATETIME( )

功能：返回当前系统日期时间，函数值为日期时间型。

【例 1-24】求下列日期函数、时间函数、日期时间函数的值：

?DATE( ), TIME( ), DATETIME( )

主窗口显示结果：

04/26/22　　　16: 32: 28　　　04/26/22 16: 32: 28 PM

④取年份函数

格式：YEAR(<日期表达式> | <日期时间表达式>)

功能：从指定的日期时间表达式或日期时间表达式中返回年份，函数值为数值型。

⑤取月份函数

格式：MONTH(<日期表达式> | <日期时间表达式>)

功能：从指定的日期时间表达式或日期时间表达式中返回月份，函数值为数值型。

⑥取日数函数

格式：DAY(<日期表达式> | <日期时间表达式>)

功能：从指定的日期时间表达式或日期时间表达式中返回天数，函数值为数值型。

【例 1-25】求下列取年份、取日期、取日数函数的值：

?YEAR(DATE( )), MONTH(DATE( )), DAY(DATE( ))

主窗口显示结果：

2022　　　4　　　26

⑦取小时函数

格式：HOUR(<日期时间表达式>)

功能：从指定的日期时间表达式中返回小时部分，函数值为数值型。

⑧取分钟函数

格式：MINUTE(<日期时间表达式>)

功能：从指定的日期时间表达式中返回分钟部分，函数值为数值型。

⑨取秒函数

格式：SEC（<日期时间表达式>)

功能：从指定的日期时间表达式中返回秒数部分，函数值为数值型。

【例 1-26】求下列取小时、取分钟、取秒数函数的值：

?HOUR(DATETIME()),MINUTE(DATETIME()),SEC(DATETIME())

主窗口显示结果：

16　　　　37　　　　20

(4)数据类型转换函数

①数值转换成字符串函数

格式：STR(<数值表达式>[,<长度>[,<小数位>]])

功能：将指定的<数值表达式>，按指定的长度以及小数位，转换成相应的数字字符串。

说明：若省略小数位，则转为正数，小数位四舍五入；若同时省略长度和小数位，则小数位为0，长度为10；当长度小于实际转换后的长度时，不能转换。

【**例1-27**】求下列数值转换成字符串函数的值：

STORE 456.789 TO M

?STR(M,5,2),STR (M,9,5),STR (M)

主窗口显示结果：

456.8　　　　456.78900　　　　457

②字符串转换成数值函数

格式：VAL(<字符表达式>)

功能：将字符型数据转换成数值型数据。若字符串内出现非数字字符，那么只转换前面部分；若字符串的首字符不是数字符号，则返回数值0，但忽略前导空格。

【**例1-28**】求下列字符串转换成数值函数的值：

STORE"456." TO X

STORE"12" TO Y

STORE"B12" TO Z

?VAL(X+Y),VAL(Y+Z),VAL(X+Z),VAL(Z)

主窗口显示结果：

456.12　　　　12.00　　　　456.00　　　　0.00

③字符串转换成日期函数

格式：CTOD (<字符表达式>)

功能：将字符型数据转换成日期型数据。

【**例1-29**】求下列字符串转换成日期函数的值：

D=CTOD("04/26/22")

?"D=",D

主窗口显示结果：

D=04/26/22

④字符串转换成日期时间函数

格式：CTOT (<字符表达式>)

功能：将字符型数据转换成日期时间型数据。

【**例1-30**】求下列字符串转换成日期时间函数的值：

?CTOT("04/26/22"+" "+TIME())

主窗口显示结果：

04/26/22 09:55:31 PM

⑤日期转换成字符串函数

格式：DTOC(<日期表达式>|<日期时间表达式>[,1])

功能：将日期型或日期时间型数据的日期部分转换成字符型数据。

【例 1-31】求下列日期转换成字符串函数的值：

?DTOC(DATE(),1)

主窗口显示结果：

20220426

⑥日期时间转换成字符串函数

格式：TTOC (<日期时间表达式>[,1])

功能：将日期时间型数据转换成字符型数据。

【例 1-32】求下列日期时间转换成字符串函数的值：

?TTOC(DATETIME()),TTOC(DATETIME(),1)

主窗口显示结果：

04/26/22 09:59:06 PM 20220426215906

⑦宏替换函数

格式：&<字符型变量>[.]

功能：获得字符型内存变量的值。

说明：替换出字符型变量的内容，即函数值是变量中的字符串。如果该函数与其后的字符无明确分界，则要用“.”作为函数结束标识。宏替换可以嵌套使用。

【例 1-33】求下列宏函数的值：

X="XYZ"

XYZ=456

?X, XYZ, &X

主窗口显示结果：

XYZ　　　456　　　456

(5)测试函数

在数据库应用的操作过程中，经常需要了解数据对象的类型、状态以及其他属性，Visual FoxPro 提供了相关的测试函数，通过使用这些函数可以方便、准确地获取操作对象的相关属性。

①值域测试函数

格式：BETWEEN(<表达式 1>,<表达式 2>,<表达式 3>)

功能：若表达式 1 值大于等于表达式 2 且小于等于表达式 3，函数返回“.T.”，否则返回“.F.”。若表达式 2、表达式 3 有一个为 NULL，则函数返回“NULL”。

【例 1-34】求下列值域测试函数的值：

X=50

Y=150

?BETWEEN(100, Y, Y+50), BETWEEN(50, X, Y)

主窗口显示结果：

.F.　　　　　.T.

②数据类型测试函数

格式：TYPE(<表达式>)

功能：测试表达式的数据类型，返回结果为字符型。

【例 1-35】求下列数据类型测试函数的值：

S="赣州"

?TYPE("123.456"), TYPE("S"), TYPE(S)

主窗口显示结果：

N　　　　　C　　　　　U

③空值测试函数

格式：ISNULL(<表达式>)

功能：测试一个表达式的运算结果是否为空值，若表达式值为 NULL，函数返回“.T.”，否则返回“.F.”。

【例 1-36】求下列空值测试函数的值：

A=.NULL.

?A, ISNULL (X)

主窗口显示结果：

.NULL.　　　　　.T.

④表头测试函数

格式：BOF([<工作区号>|<表别名>])

功能：若表记录指针指向表的第一条记录前面位置即表头，返回“.T.”，否则返回“.F.”。若当前工作区无表打开，返回“.F.”；若表无任何记录，返回“.T.”。

【例 1-37】求下列表头测试函数的值：

USE ZS01

?BOF()

主窗口显示结果：

.F.

SKIP -1

?BOF(), BOF(2)

主窗口显示结果：

.T.　　　　　.F.

⑤表尾测试函数

格式：EOF([<工作区号>|<表别名>])

功能：若表记录指针指向表的最后一个记录后面位置即表尾，返回“.T.”；否则返回“.F.”。若当前工作区中无表打开，返回“.F.”；若表无任何记录，返回“.T.”。

【例 1-38】求下列表尾测试函数的值：

USE ZS01

GO BOTTOM

?EOF( )

主窗口显示结果：

.F.

SKIP

?EOF( ), EOF(2)

主窗口显示结果：

.T.　　　　.F.

⑥记录测试函数

格式：RECNO([<工作区号> | <表别名>])

功能：返回表中当前记录指针所在记录的记录号，指向表尾则返回表中总记录数+1，若指针指向表头则返回 1。

【例 1-39】求下列记录测试函数的值：

USE ZS01

?RECNO( )

主窗口显示结果：

1

SKIP -1

?RECNO( )

主窗口显示结果：

1

GO 3

?RECNO( )

主窗口显示结果：

3

⑦记录个数测试函数

格式：RECCOUNT([<工作区号> | <表别名>])

功能：返回当前表的记录总数，若当前工作区无表打开，返回 0。

【例 1-40】求下列记录个数测试函数的值：

USE ZS01

?RECCOUNT( )

主窗口显示结果：

50

GO TOP

DELETE NEXT 10

SET DELETE ON

?RECCOUNT( )

主窗口显示结果:

50

⑧记录删除测试函数

格式: DELETED([<工作区号>|<表别名>])

功能: 测试记录指针所指记录是否有删除标记“ * ”，若有返回“.T. ”，否则返回“.F. ”。

【例 1-41】求下列记录删除测试函数的值:

USE ZS01

GO 2

?DELETED( )

主窗口显示结果:

.F.

DELETE

?DELETED( )

主窗口显示结果:

.T.

⑨条件测试函数

格式: IIF(<逻辑表达式>, <表达式 1>, <表达式 2>)

功能: 若逻辑表达式值为“.T. ”，返回表达式 1 值，否则返回表达式 2 值。

【例 1-42】求下列条件测试函数的值:

X=80

Y=156

?IIF(X>80, X-40 , X+40), IIF(Y>80, Y-40, Y+40)

主窗口显示结果:

120　　　　116

⑩判断查找是否成功函数

格式: FOUND([<工作区>|<表别名>])

功能: 判断在指定工作区中的表或表别名按指定的条件在查找时是否成功，若成功返回“.T. ”，否则返回“.F. ”。若无任何选项，默认为当前工作区中的表。

【例 1-43】求下列判断查找是否成功函数的值:

USE ZS01

LOCATE FOR" 学号=20210101"

?FOUND( )

主窗口显示结果:

.T.

6. 运算符和表达式

表达式是由常量、变量、函数等用运算符连接起来的运算式。在 Visual FoxPro 中，包括算术(数值)运算符、字符运算符、关系运算符、逻辑运算符、日期运算符等类型，因此，表达式也有相应的类型。

运算符是对数据进行特定处理的一种符号。不同类型的数据要使用不同的运算符，即使是相同的运算符，当参加运算的数据不同时，运算的规则也可能不同。

1）算术运算符和算术表达式

用算术运算符连接数值型数据可以组成算术表达式，也称数值表达式，其运算结果是一个数值型数据。算术运算符的意义与数学中对应的运算符的意义相同，见表 1-2 所列。

表 1-2　算术运算符

运算符	名称	运算符	名称
+	加法	/	除法
-	减法	%	求余
*	乘法	^或 * *	乘方

【例 1-44】

```
?3+2          && 屏幕显示:5
?3-2          && 屏幕显示:1
?3 * 2        && 屏幕显示:6
?3/2          && 屏幕显示:1.50
?3%2          && 屏幕显示:1
?3 ** 2       && 屏幕显示:9.00
```

2）字符运算符和字符表达式

字符表达式是由字符运算符将字符运算对象连接起来构成的表达式。其运算结果仍然是字符型。字符运算符只有两个，分别是“+”和“-”，它们的优先级相同。

+：全连接。即将前、后两个字符型运算对象连接起来形成一个新的字符串。

-：非全连接。即将左部字符表达式尾部空格移到连接成的字符表达式尾部。

【例 1-45】

```
? "I study "+"hard"        && 屏幕显示：I study hard
? "I study "-"hard"        && 屏幕显示：I studyhard
```

3）关系运算符和关系表达式

关系运算符用于对字符型数据、数值型数据和日期型数据进行比较运算。如果比较的

表 1-3 关系运算符

运算符	名称	运算符	名称
>	大于	>=	大于等于
<	小于	<=	小于等于
=	等于	==	精确等于
<>或!=或#	不等于	$	包含于(仅用于字符)

关系成立，则运算结果为逻辑真值；如果比较的关系不成立，则运算结果为逻辑假值。Visual FoxPro 中的关系运算符见表 1-3 所列。

关系运算符进行数据比较的规则如下：

①对于数值型数据，按数值大小进行比较。

②对于单个字符，按其 ASCII 码值大小进行比较。

③对于字符串，按从左到右的顺序依次比较每一个字符，直到得到比较结果为止。

④对于日期型数据，按日期的先后进行比较，越早的越小，反之越大。

【例 1-46】

```
?3>2                                  && 屏幕显示:.T.
?3=2                                  && 屏幕显示:.F.
?3<>2                                 && 屏幕显示:.T.
?"ABCD">"ABCC"                        && 屏幕显示:.T.
?{^2022/08/27}>{^2022/08/28]          && 屏幕显示:.F.
```

4）逻辑运算符和逻辑表达式

逻辑表达式由逻辑运算符连接逻辑型数据组合而成，逻辑表达式的运算结果仍为逻辑型。逻辑运算符有 3 个，按优先级由高到低分别是：逻辑非(NOT 或!)、逻辑与(AND)、逻辑或(OR)。

逻辑非的意义是对逻辑型数据取反。逻辑与的意义是当连接的两个逻辑型数据都为真时，运算结果才为逻辑真。逻辑或的意义是连接的两个逻辑型数据，只要有一个为真，运算结果就为逻辑真，见表 1-4 所列。

表 1-4 逻辑运算符

NOT 表达式	值	AND 表达式	值	OR 表达式	值
NOT .T.	.F.	.T. AND .T.	.T.	.T. OR .T.	.T.
NOT .F.	.T.	.T. AND .F.	.F.	.T. OR .F.	.T.
		.F. AND .T.	.F.	.F. OR .T.	.T.
		.F. AND .F.	.F.	.F. OR .F.	.F.

【例 1-47】

```
? NOT 2>3              && 屏幕显示:.T.
? NOT 2<3              && 屏幕显示:.F.
? 3>2 AND 3>4          && 屏幕显示:.F.
? 3>2 AND 3<4          && 屏幕显示:.T.
? 3>2 OR 3>4           && 屏幕显示:.T.
? 3<2 OR 3>4           && 屏幕显示:.F.
```

7. 运算符的优先级

每种表达式的运算符都有一定的优先级，不同运算符也可能同时出现在一个表达式中。各种运算符的优先级顺序见表 1-5 所列。

表 1-5　运算符优先级

运算符类型	优先级	运算符	说　明
算术运算符	8	( )	括号
	7	^或 **	乘方
	6	*	乘
		/	除
		%	求余：取相除后的余数
	5	+	加
		-	减
关系运算符	4	<	小于
		<=	小于等于
		>	大于
		>=	大于等于
		=	相等：等号右边的字符串包含于左边的字符串时结果为真
		==	精确相等：左右两边的字符串完全相同时结果为真
		<>或#或!=	不相等
		$	包含于：左边字符串是右边字符串的子串时结果为真
逻辑运算符	3	NOT 或!	非：结果为右边表达式逻辑中的反
	2	AND	与：运算符两边的值都为真时结果才为真
	1	OR	或：运算符两边的值有一个为真结果就为真

注：8 级为最高优先级，1 级为最低优先级。

考核评价

评价内容	按要求 完成任务情况(60分)	自我评定(20分)	同学评定(20分)
得分			
合计			

任务 1-3 创建自由表

工作任务

使用表向导新建自由表，并命名为“Y1_03. dbf”。

任务实施

①在字段选取步骤中，选择“个人表”中的样表“Books”，并选取所有可用字段。
②在修改字段设置步骤中，将字段“Pages”的字段名改为“页数”，宽度修改为“4”。
③为表创建索引步骤中，选取字段“BookCollID”为索引。
④将表保存为“Y1_03. dbf”，存放在文件夹 1-3 中。
⑤打开表“Y1_03. dbf”，并输入该表的第一条记录。

知识链接

1. 项目管理器

Visual FoxPro 有 4 种工作方式：菜单，工具，命令，程序。前两种为交互式，后两种为自动式。

1）项目管理器的作用

在数据库应用系统的开发过程中，将会产生各种类型文件，包括数据库文件、表文件、表单文件、报表文件和程序文件等。项目管理器是管理这些文件的主要组织工具，相当于 Windows 的资源管理器。

项目管理器的内容保存在扩展名为 . pjx 的文件中。项目管理器并不保存各种文件的具体内容，只记录各种文件的文件名、文件类型、路径，以及编辑、修改或执行这些文件的方法。

通过项目管理器，用户可以方便地完成各种文件的新建、修改、运行、浏览等操作，还可以完成应用程序的连编，生成可脱离 Visual FoxPro 系统运行的可执行文件。

2）新建项目文件

点击“文件”→“新建”(图 1-15)→“项目”→“新建文件”，在出现“创建”对话框时，在“项目文件”文本框输入文件名，按“保存”按钮。

3）打开已有项目文件

点击“文件”→“打开”(图 1-16)，在“文件类型”下拉框选定“项目”(*.pjx； *.fpc；*.cat)后，在文件列表框选定已有项目文件；或在“文件名”文本框输入项目文件名，按“确定”按钮。

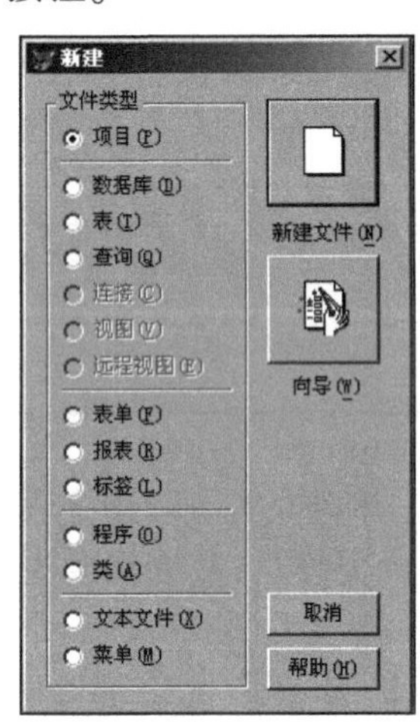

图 1-15　新建项目

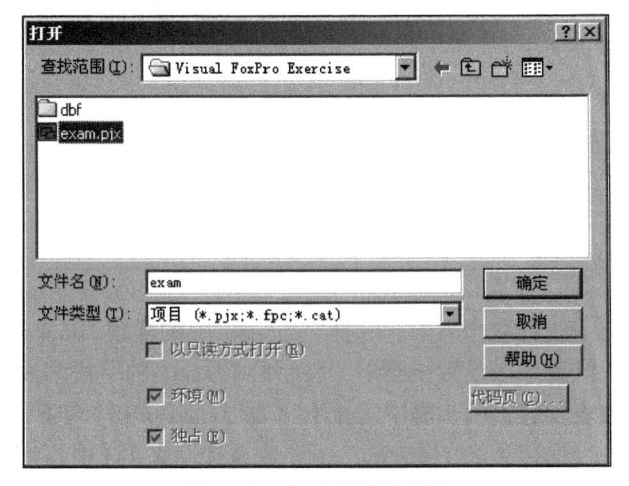

图 1-16　打开项目管理器

另外，使用 modify project <项目文件名>命令也可以打开项目管理器。如 modify project exam，扩展名 .pjx 可省略。使用 modify project [?]命令，命令中的“?”为可选项。

4）项目管理的文档类型

项目管理的文档类型有全部、数据、文档、类、代码、其他 6 个选项卡 5 类文档(图 1-17)。

数据：数据库，自由表，查询。

Visual FoxPro 将表分为数据库表和自由表两大类。对于同属于一个数据库的数据库表，在建表的同时也定义它与库内的其他表之间的关系。

文档：表单，报表，标签。

类：包含表单和程序中所用的类库和类，主要用于面向对象程序设计。

代码(程序)：PRG，APP，EXE。

其他：菜单，TXT，图形等。

图 1-17 中右侧的 6 个按钮作用如下：

“新建”按钮：用于建立新的数据库、表、查询或程序等。

“添加”按钮：可以在打开对话框中将已经建立好的数据库、表、查询或程序等添加到项目中。

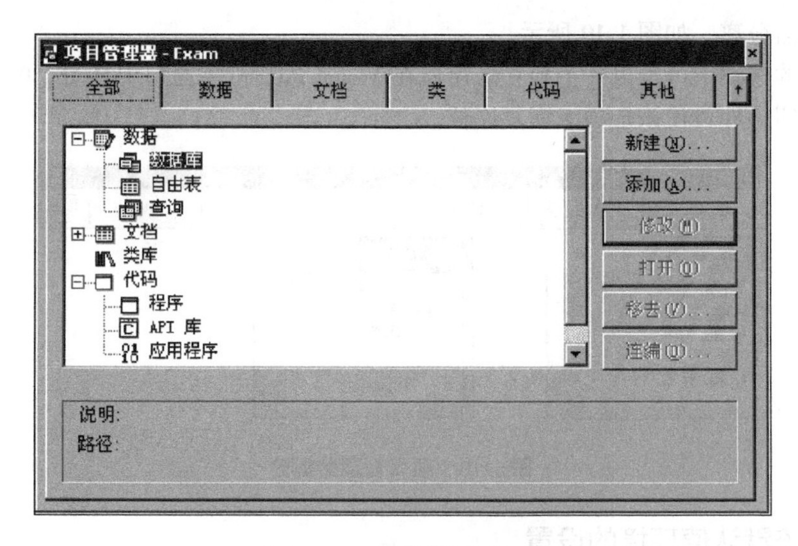

图 1-17　项目管理器界面

“修改”按钮：可打开相应的设计器或编辑窗口修改选定数据库、表、查询或程序。

“打开”“关闭”“浏览”或“运行”按钮：当选定数据库时，会变为“打开”或“关闭”按钮；当选定表时，会变为“浏览”按钮；当选定“查询”或“程序”时，会变为“运行”按钮。

“移去”按钮：将对话框中选定的数据库、表、查询或程序从项目管理器中删除。

“连编”按钮：用于访问连编的选项，可以连编一个项目或应用程序。

5）选项卡操作

选定所需的选项卡，用鼠标单击其标题即可。

6）目录树操作

项目管理器目录树采用“+”“-”号来表示各级目录的当前状态。处于折叠状态的目录，在其图标的左方有“+”号，单击“+”号可将它展开，显示该目录所包含的子目录，同时将当前状态的图标从“+”号改为“-”号。单击目录图标左方的“-”号将使其处于折叠状态。

7）项目管理器的折叠

项目管理器的右上角有一个带向上箭头(↑)的折叠按钮。单击折叠按钮可隐去全部选项卡，只剩下项目管理器和选项卡的标题，如图 1-18 所示。与此同时，折叠按钮上的向上箭头也改为向下，变为恢复按钮(↓)。单击恢复按钮将使项目管理器恢复原样。

图 1-18　项目管理器选项卡

8）项目管理器的分离

当项目管理器处于折叠状态时，用鼠标拖动任何一个选项卡的标题，都可使该选项卡与项目管理器分离，如图 1-19 所示。

分离后的选项卡可以以一个独立的窗口在 Visual FoxPro 主窗口中移动。单击分离选项卡的关闭按钮，即可使该选项卡恢复原位。

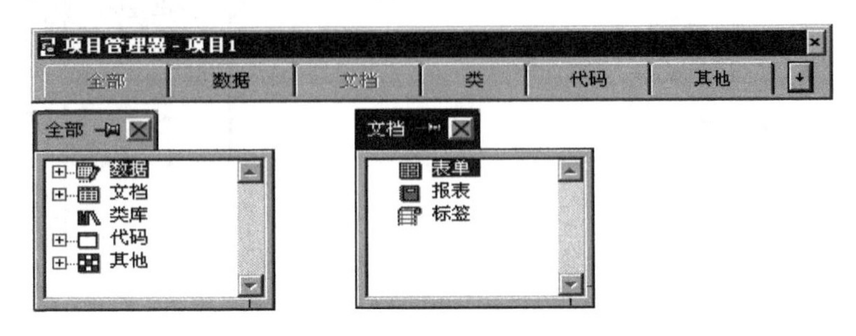

图 1-19　项目管理器拆分

9）系统默认值环境的设置

系统用默认值设置环境，也可以自己定制。

(1) 使用对话框设置

①设置方法　工具→选项。

②设置日期格式　区域。

③更改表单大小　表单。

④设置默认目录　文件位置。

(2) 使用命令设置

①设置对话状态　SET TALK ON/OFF。

②设置独占打开表　SET EXCL ON/OFF。

③设置 Esc 键中断有效　SET ESCA ON/OFF 。

注：前面的是系统默认值。

2. 表

1）表的类型

在 Visual FoxPro 中有两种类型的表，即数据库表和自由表，表的扩展名均为 . dbf。数据库表是指包含在一个数据库里的表。自由表是作为一个文件单独存放，不属于任何数据库。如果将自由表添加到数据库中，它将转换为数据库表，如果删除数据库文件或把数据库表移出数据库，它将转换为自由表。

2）表结构设计

一个表中的所有字段组成了表的结构，在建表之前应先设计字段属性。字段的基本属性包括字段名、字段类型、字段宽度、小数位数以及是否允许为空等。

(1) 字段名

字段名称以汉字或字母开头，后跟字母、数字、汉字、下划线。自由表的字段名长 10 个字符，数据库表允许 128 个字符，不允许用标点、运算符、空格命名。

如：XH、XM、CSRQ、姓名、专业等。

(2) 字段类型

Visual FoxPro 定义了 13 种数据类型，其中 8 种常用数据类型为：字符型、数值型、货币型、逻辑型、日期型、日期时间型、备注型和通用型。

日期型的标准格式为{^yyyy-mm-dd}，如{^2005-05-28}。

(3) 字段宽度

字段宽度是允许存放数据的长度，以字节表示。字符型、数值型等字段宽度在定义时根据需要确定。某些类型的宽度由系统统一规定，例如，货币型 8 个字节，日期型、日期时间型 8 个字节，逻辑型 1 个字节，备注型和通用型 4 个字节。

(4) 小数位数

当字段为数值型时，要定义小数位数。小数点也要占一位，缺省值为 0 。

(5) 索引

如需要根据某些数据索引排序，则要建立索引。索引排序有升序和降序之分。

(6) 空值

空值用 NULL 表示。空值与空字符串和数值 0 意义不同。例如，某课程成绩，0 表示零分，而 NULL 表示无成绩。

3）创建自由表的方法

在 Visual FoxPro 中，创建自由表的方法有 3 种：使用表向导创建自由表；使用表设计器创建自由表；使用命令创建自由表。

(1) 使用表向导创建自由表

①打开表向导　在项目管理器中选择“自由表”，单击“新建”按钮，在弹出的“创建表”对话框中选择“表向导”按钮，弹出的“表向导”对话框(图 1-20)。

②选择样表和字段　选择 Y1_01 表格作为样表，则会在“可用字段”列表中显示该表的所有字段，即可根据需要选择相应的字段(图 1-21)。

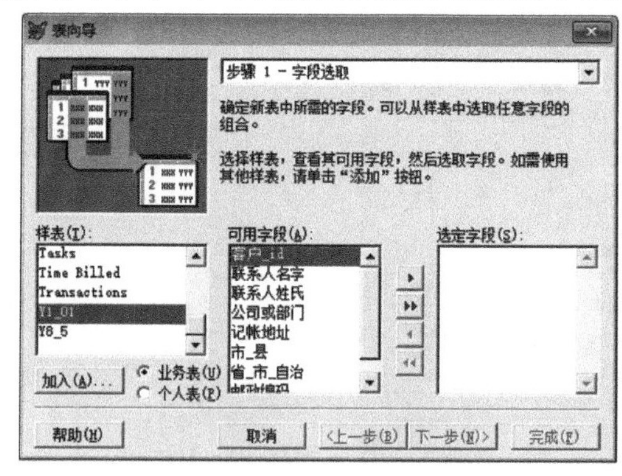

图 1-20　“表向导”对话框

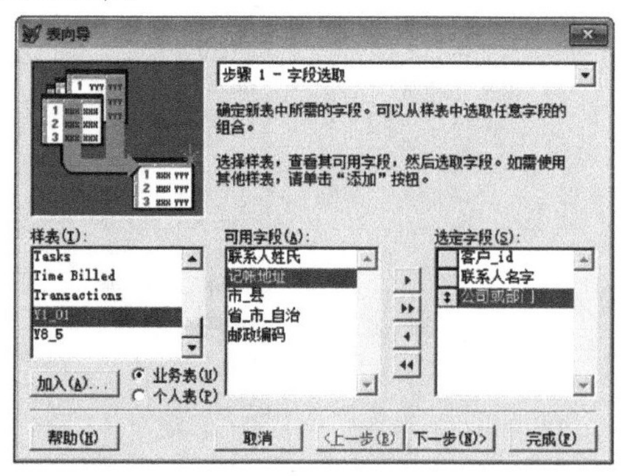

图 1-21　字段选取

③选择是否加入数据库　单击“下一步”按钮，在弹出的对话框中选择“创建独立的自由表”，如图 1-22 所示。

④修改字段　单击“下一步”按钮，在对话框中修改选定字段的字段名、标题、类型、宽度及确定是否允许为 NULL 值，如图 1-23 所示。

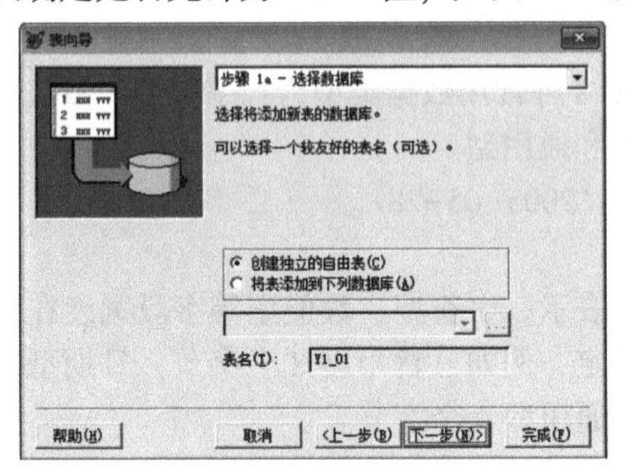

图 1-22　选择数据库

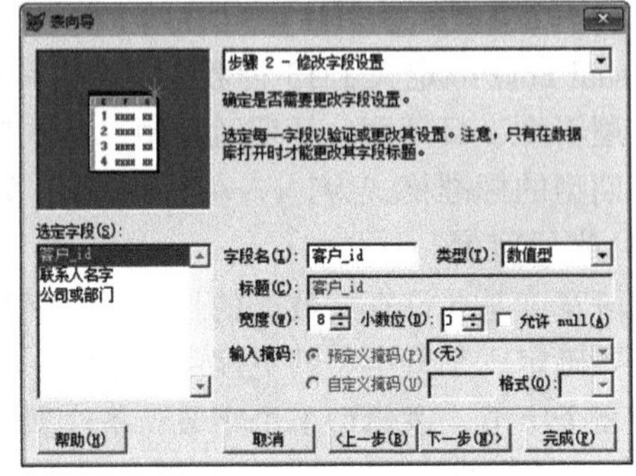

图 1-23　修改字段设置

⑤设置表索引　单击“下一步”按钮，可以为表建立所需的索引，如图 1-24 所示。

⑥完成表结构的创建　单击“完成”按钮（图 1-25），弹出“另存为”对话框（图 1-26），在指定磁盘文件夹下输入文件名，则完成了利用表向导创建表结构。

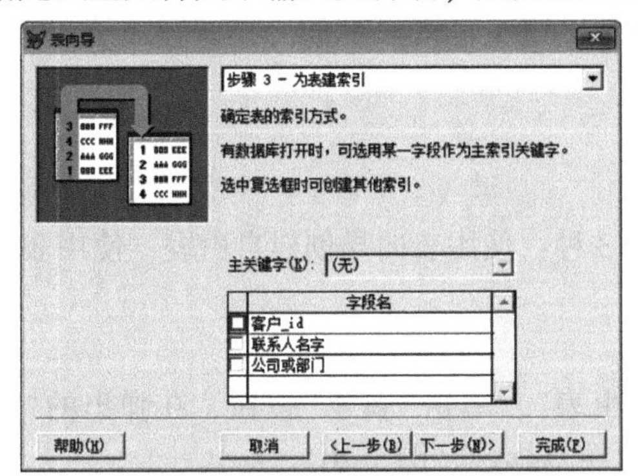

图 1-24　设置表索引

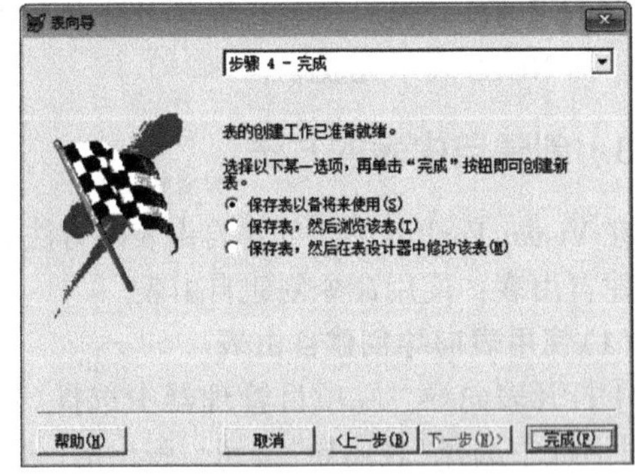

图 1-25　完成表结构创建

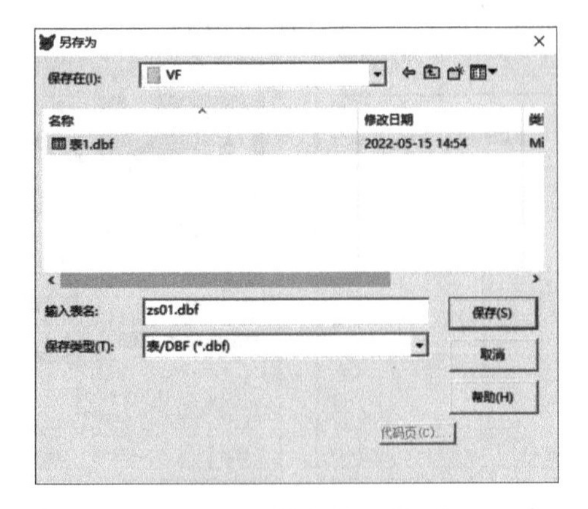

图 1-26　“另存为”对话框

(2)使用表设计器创建自由表

利用表设计器可以便捷地创建表，可以通过项目管理器的“数据”选项卡中的表设计器创建，也可以通过“文件”菜单中的“表设计器”命令创建。

使用表设计器创建表结构的步骤如下：

①选择菜单栏中的“文件”→“新建”命令，打开“新建”对话框，选择“表”单选按钮(图 1-27)。

②单击“新建文件”按钮，打开“创建”对话框(图 1-28)。在“创建”对话框中，可以确定表的类型、名称和保存位置，其中表类型为“表/DBF”。输入表名后，单击“保存”按钮，则弹出“表设计器”对话框(图 1-29)。

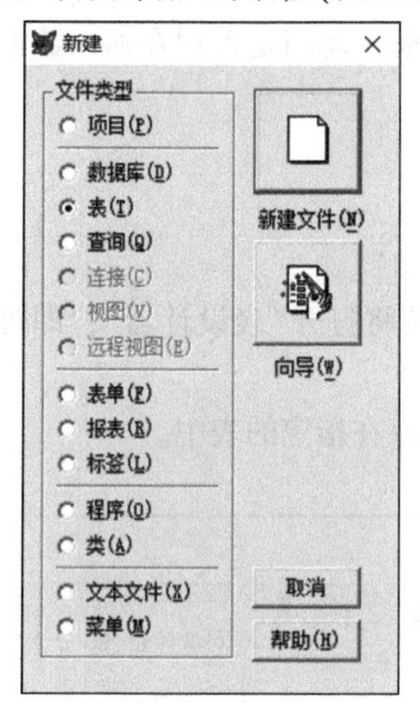

图 1-27　“新建”对话框

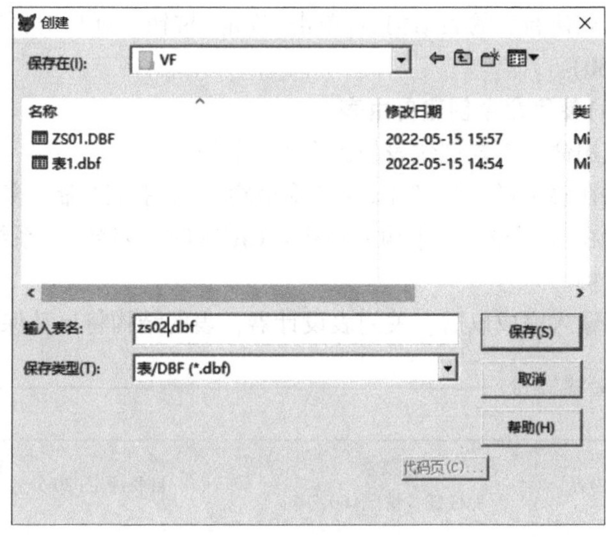

图 1-28　“创建”对话框

③定义“zs02”表的字段，将光标放在“字段名”下，输入第一个字段名“序号”，在“类型”列中通过下拉列表框选择“整型”，在“宽度”列中设置宽度为 4，依次根据给定的表结构进行定义，如图 1-29 所示。

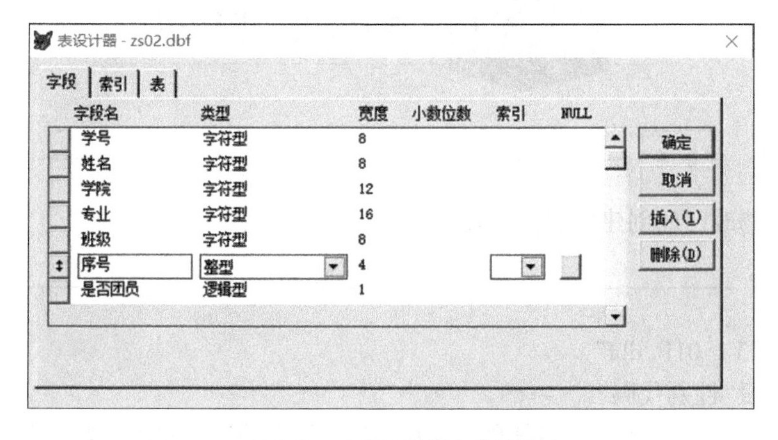

图 1-29　“表设计器”对话框

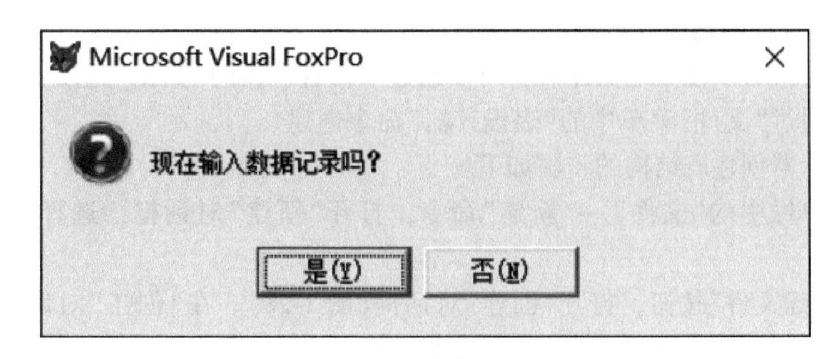

图 1-30　询问是否现在输入记录

④创建新表的表结构后，单击“确定”按钮，弹出对话框，询问是否现在输入数据记录(图 1-30)。

(3)使用命令创建自由表

使用命令方式创建表的操作步骤如下：

①在菜单栏“窗口”中选择“命令窗口”，打开“命令窗口”。

②在“命令窗口”中输入命令：CREATE <表名>，系统将打开“表设计器”，即可输入表的结构。

③输入完成以后，关闭表设计器，表的结构将自动保存在指定的表中。

考核评价

评价内容	按要求 完成任务情况(60 分)	自我评定(20 分)	同学评定(20 分)
得分			
合计			

任务 1-4　修改自由表结构

工作任务

根据要求修改已经创建好的自由表结构。

任务实施

①打开表“Y1_01B. dbf”。

②删除字段“性别代码”。

③修改字段“政治面貌”的字段宽度为 6，修改字段“年龄”的数据类型为字符型。

④添加字段“家庭住址”，数据类型为字符型，宽度为 20。

知识链接

在 Visual FoxPro 中，表结构可以任意修改，可以增加、删除字段，修改字段名、字段类型、字段宽度，建立、修改、删除索引，建立、修改、删除有效性规则等。在 Visual FoxPro 中提供了两种方法修改表结构，分别是菜单操作和命令操作方法。

1. 使用菜单修改自由表结构

(1) 打开表及表设计器

①选择菜单“文件”→“打开”命令，将文件类型切换至“表”，找到要打开的表，将其打开。

②选择菜单“显示”→“表设计器”命令，和创建表结构时一样，“表设计器”中显示了表的结构。

(2) 表设计器中的“表”选项卡

打开表设计器后，先看一下“表”选项卡，它显示了当前表设计器所设计表的有关信息。如图 1-31 所示，这个表有 4 条记录，共 7 个字段，每条记录长 58 个字节。

选择“字段”选项卡，可显示字段名、类型、宽度等信息(图 1-32)。

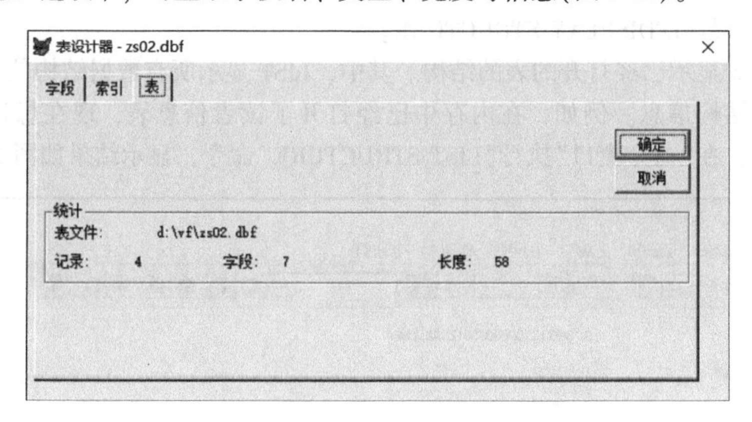

图 1-31 “表”选项卡

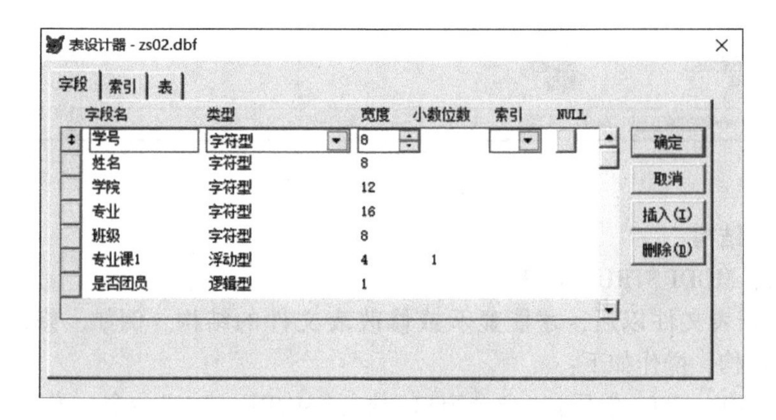

图 1-32 “字段”选项卡

(3)在表中增加字段

①如果要在表的最后增加字段，在“表设计器”的“字段”选项卡中最后一行直接输入即可。如果想使增加的字段插入到某字段的前面，可以在“表设计器”中将光标移到某字段，单击“插入”按钮，就会在该字段前面插入一个名为“新字段”的字段，编辑该字段即可。

②在“字段名”“类型”“宽度”“小数位数”“索引”“NULL”等列中，输入或选择相应内容，然后单击“确定”按钮，最后单击“是”按钮，将修改后的表结构保存即可。

(4)删除表中的字段

选定该字段后，单击“删除”按钮即可。

(5)改变字段顺序

在“表设计器”中，被选中的字段左边有一个上下方向的双向箭头，将鼠标指针移到该处，指针也变成了双向箭头的形状，此时拖动鼠标上下移动即可改变这个字段在表中的位置。

2. 使用命令方式修改自由表结构

(1)显示表结构

命令格式：LIST/DISPLAY STRUCTURE。

通过该命令显示已经打开的表的结构。其中，LIST 显示所有数据结构信息；DISPLAY 分屏显示数据结构信息。例如，在内存中已经打开了读者信息表，现在想显示该表的结构，操作如下：在“命令窗口”执行“LIST STRUCTURE”命令，显示结果如图 1-33 所示。

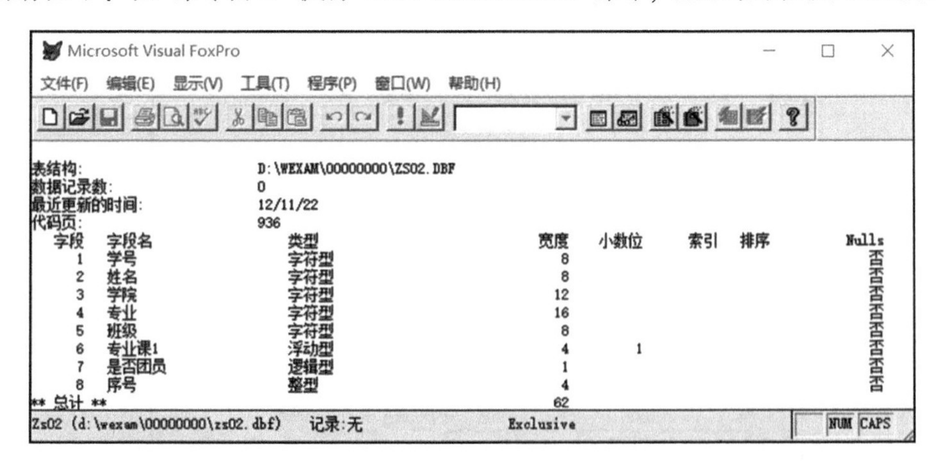

图 1-33 表结构显示

(2)修改表结构

命令格式：MODI STRUCTURE。

只有在打开表文件以后，才能显示或修改表文件的结构。例如，修改学生信息表(zs02. dbf)的结构，操作如下：

首先打开 zs02 . dbf，然后在“命令窗口”执行“MODI STRU”命令，弹出“表设计器”，可以在“表设计器”中对表进行修改。

考核评价

评价内容	按要求 完成任务情况(60分)	自我评定(20分)	同学评定(20分)
得分			
合计			

任务1-5 追加、删除表记录

工作任务

删除表Y1_01B中表名序号为21398的学生相关信息，然后追加一条记录，见表1-6所列。

表1-6 表追加记录

表名序号	项目	考生类别	民族代码	政治面貌	学校名称	联系电话	年龄
32012	张娜	农村应届	01	团员	三高	037-6711605	17

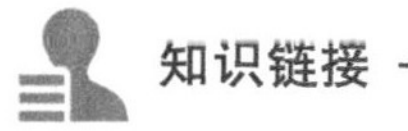

任务实施

打开表→浏览表记录→选中表名序号为21398的学生→添加删除标记→显示→追加方式→录入追加内容，见表1-6所列。

知识链接

先打开表。表的显示方式有浏览和编辑两种，浏览方式是一条记录占一行，编辑方式是一个字段占一行，记录按字段纵向排列。两种显示方式的切换可以通过“显示”菜单来进行，执行“显示”→“浏览”命令，就会切换到浏览方式；执行“显示”→“编辑”命令，就会切换到编辑方式显示。

1. 表记录的追加

表记录的追加有两种方法，一种是直接追加，另一种是成批追加。

1）直接追加

建立数据表的目的是管理和维护数据记录，输入记录有两种情况：一种是在新建表结构之后，单击“是”按钮，系统将打开编辑窗口(图1-34)；另一种是结构已经建立，但没

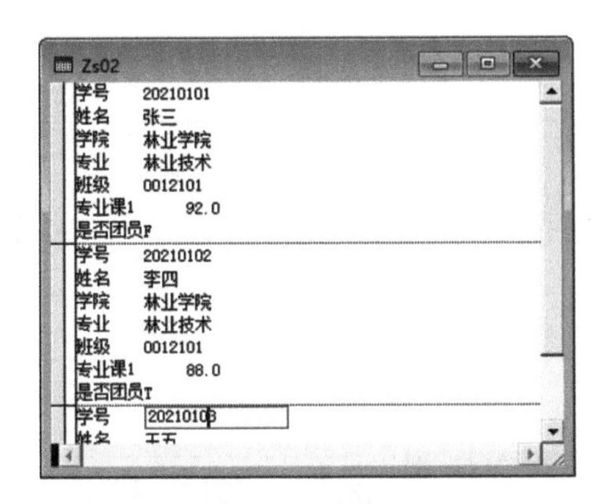

图 1-34　编辑窗口 1

Zs02

学号	姓名	学院	专业	班级	专业课1	是否团员
20210101	张三	林业学院	林业技术	0012101	92.0	F
20210102	李四	林业学院	林业技术	0012101	88.0	T
20210103	王五	林业学院	工程测量技术	0072101	79.0	T
20210104	陈六	林业学院	工程测量技术	0072101	94.0	F

图 1-35　编辑窗口 2

有数据或表中已存在数据，执行“显示”→“追加方式”命令，系统会在表的末尾添加一条空记录，即可向该空记录中填入数据(图 1-35)。

2）成批追加

①打开表，执行菜单栏“显示”→“浏览”菜单命令。

②选择“表”菜单中的“追加记录(A)”命令，弹出“追加来源”对话框。

③选择“类型”为 Table(DBF)，在“来源于”文本框中输入表文件名，或者单击[…]按钮弹出“打开”对话框，从中选择所需要的文件。

④单击“追加来源”对话框的“选项”按钮，出现“追加来源选项”对话框。

⑤在“追加来源选项”对话框中，可以通过“字段”按钮选择将源表的哪些字段值复制到当前表中；可以通过“For”按钮选择将源表中符合条件的记录追加到当前表中。

⑥单击“确定”按钮，即完成追加。

2. 表记录的删除

在 Visual FoxPro 中删除表中的记录共有两个步骤。首先是单击每个要删除记录左边的小方框，标记要删除的记录(图 1-36)。注意，标记记录并不等于删除记录。真正删除记

学号	姓名	学院	专业	班级	专业课1	是否团员
20210101	张三	林业学院	林业技术	0012101	92.0	F
20210102	李四	林业学院	林业技术	0012101	88.0	T
20210103	王五	林业学院	工程测量技术	0072101	79.0	T
20210104	陈六	林业学院	工程测量技术	0072101	94.0	F

图 1-36 标记要删除的记录

录，还应选择菜单“表”→“彻底删除”命令。当出现提示，询问是否想从表中移去已删除的记录时，单击“是”按钮即可。

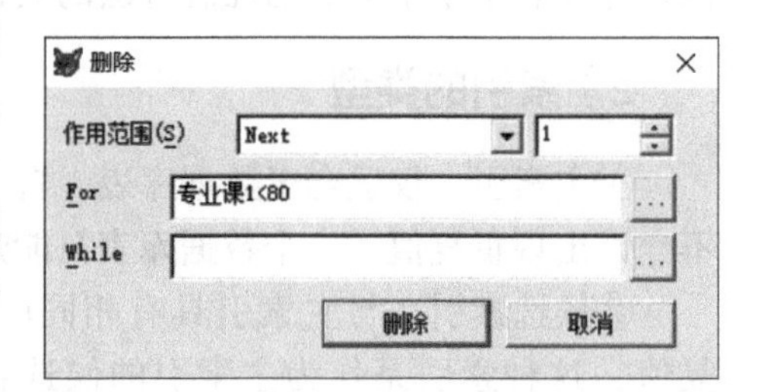

图 1-37 “删除”对话框

除了通过鼠标单击做删除标记外，还可以通过在“删除”对话框中设置条件，有选择地删除一组记录。步骤如下：

①选择菜单“表”→“删除记录”命令，出现“删除”对话框(图 1-37)。

②在其中输入删除的范围或条件，单击“删除”按钮，对符合条件的记录做删除标记。

③选择菜单“表”→“彻底删除”命令。

考核评价

评价内容	按要求 完成任务情况(60 分)	自我评定(20 分)	同学评定(20 分)
得分			
合计			

任务 1-6 表的索引和排序

工作任务

对已完成的 Y1_01B. dbf，设置索引字段“报名序号”为普通索引，并设置为升序。

任务实施

打开表 Y1_01B. dbf→显示→表设计器→索引→索引名“报名序号”→索引类型“普通索

引”→表达式“报名序号”→确定。

知识链接

1. 索引

1）索引的概念

索引是指对表中的有关记录按照指定的索引关键字表达式的值的升序或降序进行排列，并生成一个相应的索引文件。其中索引关键字表达式可以是表中的一个字段名，也可以是包含若干个字段名的任意合法的表达式。

2）索引的类型

①主索引　仅适合于数据库表，自由表没有主索引。主索引的索引关键字表达式的值不允许出现重复值，一个数据库表只能建一个主索引。

②候选索引　与主索引具有相同的特性，即索引关键字表达式的值不允许出现重复值，这种索引是作为主索引的候选者出现的，一个表可以建立多个候选索引。数据库表和自由表均可建立候选索引。当数据库表中无主索引时，可以指定一个候选索引为主索引。

主索引和候选索引能控制表中字段重复值的输入，确保字段输入值的唯一性。

③普通索引　是一种常规的索引类型，索引关键字表达式的值允许出现重复，一个表可以建立多个普通索引。数据库表和自由表均可建立普通索引。

④唯一索引　对于表中的记录，允许出现索引关键字表达式的重复值，但在索引文件中不允许包含索引关键字表达式的重复值，即索引文件中的记录唯一。一个表可以建立多个唯一索引，数据库表和自由表均可建立唯一索引。

例如，在学生信息表中，可建立两项索引，即建立按“学号”字段升序排列的唯一索引和将学生按“是否为团员”字段建立的普通索引。

3）建立索引

①在“表设计器”中，选择“索引”选项卡。

②在“索引名”文本框中输入索引名。如果在“字段”选项卡中设置了索引，则索引名将自动出现。

③在“类型”列表中，选定索引类型，如选择“候选索引”。

④在“表达式”文本框中输入作为记录排序依据的字段名，或者通过单击表达式框后面的按钮弹出的“表达式生成器”来建立表达式。

⑤若想有选择地输出记录，可在“筛选”文本框中输入筛选表达式，或者单击该框后面的按钮来建立表达式。例如，想显示专业课 1 低于 80 分的记录，则在“筛选”文本框中选择或输入 “专业课 1<80”。

⑥索引名左侧的箭头按钮表示升序或降序，箭头方向向上时按升序排序，向下时则按降序排序。

⑦单击“确定”按钮。

4）用索引排序

建好表的索引后，便可以用它为记录排序。查看索引后的排序步骤如下：

①打开已建好索引的表。

②单击“浏览”按钮。

③选择菜单“表”→“属性”命令。

④在“索引顺序”文本框中选择要用的索引名。

⑤单击“确定”按钮。

显示在浏览窗口中的表将按照索引指定的顺序排列记录。选定索引后，通过运行查询或报表，还可对它们的输出结果进行排序。

5）用多个字段进行索引

为了提高对多个字段进行筛选的查询速度，可以在索引表达式中指定多个字段对记录进行排序，步骤如下：

①打开“表设计器”对话框。

②在“索引”选项卡中，输入索引名和索引类型。

③在“表达式”框中输入表达式，在其中列出要作为排序依据的字段。例如，如果要按照院系、姓名的升序对记录进行排序，可以用“+”号建立“字符型”字段的索引表达式：院系+姓名。

④单击“确定”按钮。

如果想用不同数据类型的字段作为索引。可以在非“字符型”字段前加上 STR( )，将它转换成字符型。例如，先按“学院”字段排序，再按“专业课 1”字段排序。在这个表达式中，“专业课 1”是一个数值型字段，“学院”是一个字符型字段，组成的表达式为：学院+STR(专业课 1,5)。

2. 排序

格式：SORT TO<新文件名>ON<字段名 1>[ASC/DESC][FOR<条件>]

例如：

```
USE ZS02
SORT TO ZS03 ON 专业 FOR 性别 = "女生"
```

对所有女生按专业的升序排列成一个新表 ZS03. dbf，排序后并不改变原表的顺序。

功能：根据“关键字段”的值的大小重排记录，产生一个新的可单独使用的数据库文件(*. dbf)。选项 ASC 和/DESC 分别表示升序或降序，不选择则默认按升序排列。

 考核评价

评价内容	按要求 完成任务情况(60 分)	自我评定(20 分)	同学评定(20 分)
得分			
合计			

任务 1-7 数据统计操作

 工作任务

计算专业课 1 的成绩总和，计算专业课 1 的平均成绩，统计 ZS02 中记录个数(即总人数)。

 任务实施

在命令窗口输入如下命令：

```
USE ZS02
SUM 专业课 1 TO X
? X                              && 显示计算结果
USE ZS02
AVERAGE 专业课 1 TO X
? X                              && 显示计算结果
USE ZS02
COUNT TO X
? X                              && 显示计算结果
```

 知识链接

Visual FoxPro 6.0 提供了对表中数值型字段进行统计和计算的几个命令，下面分别进行介绍。

1. 纵向求和

格式：SUM[<数字型字段名>][TO<内存变量名表>][<范围>][FOR<条件>]

功能：在当前表中，凡是在指定范围内指定条件的记录，可计算指定的数值型字段的代数和，并分别将计算结果依次存入指定的内存变量中。

说明：如果不选择[TO<内存变量名表>]，则计算结果不被保存，后面不能引用其计算结果；如果任何参数都不选择，则当前表的所有数值型字段都能分别计算代数和，且计算结果不被保存。

2. 纵向求平均值

格式：AVERAGE[<数字型字段名>[TO<内存变量名表>][<范围>][FOR<条件>]]

功能：在当前表中，凡是在指定范围内指定条件的记录，可计算指定的数值型字段的平均值，并将计算结果依次存入指定的内存变量中。

说明：如果不选择[TO<内存变量名表>]，则计算结果不被保存，后面不能引用其计算结果；如果任何参数都不选择，则当前表的所有数值型字段都能分别计算平均值，且计算结果不被保存。

3. 统计记录数

格式：COUNT [TO<内存变量名[<范围>][FOR<条件>]]

功能：统计当前表中指定范围内符合指定条件的记录个数。

说明：如果不选择[TO<内存变量名>]，则计算结果不被保存，后面不能引用其计算结果；如果任何参数都不选择，则统计当前表中所有记录数，且计算结果不被保存。

考核评价

评价内容	按要求 完成任务情况(60分)	自我评定(20分)	同学评定(20分)
得分			
合计			

任务1-8 用命令对表进行操作

工作任务

使用命令方式完成各技能点的操作；建立文本文件 X1_8. txt，保存至文件夹 1-8 中；本题操作完成后，将命令窗口中的全部操作命令复制至 X1_8. txt 并保存。

1. 打开、浏览表(USE、BROWSE 命令)

以独占方式打开表 Y1_8. dbf；浏览表并要求显示在浏览窗口中的字段如图 1-38 所示。

Y1_8

序号	姓名	性别	民族代码	出生年月	中学代码	联系电话	乡镇代码
00490	高现伟	男	01	198610	1802	6771222	18
00564	谭玉坤	男	01	198802	1801	6771197	18
00566	郑少华	男	01	198802	1801	6771197	18
00575	卢华	男	01	198809	1801	6771197	18
00582	夏世杰	男	01	198607	1801	6771197	18
00600	郭曼丽	女	01	198810	1801	6771197	18
00604	王飞跃	女	01	198802	1801	6771197	18
00616	轩秋月	女	01	198808	1801	6771197	18
00621	王文鹤	女	01	198704	1801	6771197	18
00626	符燕	女	01	198802	1801	6771197	18
00631	马志远	男	01	198806	1801	6771197	18
00639	谢高杰	男	01	198708	1801	6771197	18
00644	程大朋	男	01	198707	1801	6771197	18
00645	韩宗岗	男	01	198704	1801	6771197	18
00647	张玉磊	男	01	198807	1801	6771197	18

图 1-38　浏览窗口

2. 导出为其他文件类型(COPY TO 命令)

把表 Y1_8. dbf 导出为“Microsoft Excel 5.0(XLS)”类型，保存到文件夹 1-8 中，并命名为 X1_8. xls。

3. 替换字段(REPLACE 命令)

把所有“中学代码”字段值为“1801”的记录替换为“3801”，结果如图 1-39 所示。

Y1_8

序号	姓名	性别	民族代码	出生年月	中学代码	联系电话	乡镇代码
00631	马志远	男	01	198806	3801	6771197	18
00639	谢高杰	男	01	198708	3801	6771197	18
00644	程大朋	男	01	198707	3801	6771197	18
00645	韩宗岗	男	01	198704	3801	6771197	18
00647	张玉磊	男	01	198807	3801	6771197	18
00743	武丹华	女	01	198903	0801	0266575184	08
00757	陶慧娟	女	01	198802	0801	0266575184	08
00780	王德亮	男	01	198701	0801	0266575184	08
00802	冯安强	男	01	198712	0801	0266571956	08
00807	侯静华	女	01	198812	0801	0266571558	08
00825	徐云峰	男	01	198803	0802	0266575309	08
00841	李雪芬	女	01	198712	0802	0266575129	08
00845	张春光	男	01	198702	0802	0266575006	08
00862	江宝生	男	01	198803	0802	0266575300	08
00898	张明振	男	01	198701	0802	0266575178	08

图 1-39　替换后窗口

4. 记录的排序和筛选(SORT、SET FILT TO 命令)

将 Y1_8. dbf 中所有记录按“出生年月”字段升序、“序号”字段降序排序，生成新文件 X1_8A. dbf 并保存到文件夹 1-8 中；筛选“性别”字段的值为“男”的记录，然后生成新文件

X1_8B. dbf 并保存到文件夹 1-8 中。

5. 删除记录(DELETE、RECALL、PACK 命令)

逻辑删除 Y1_8. dbf 中“中学代码”字段的值为“2003”的记录；清除 Y1_8. dbf 中“性别”字段值为“女”的记录的删除标志；物理删除带删除标记的所有记录。

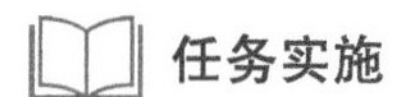

在命令窗口键入如下命令：

```
1.USEY1_8.dbf
  BROW FIEL 序号,姓名,性别,出生年月,中学代码
2.COPY TO Y1_8.XLS TYPE XL5
3.REPL ALL 中学代码 WITH 3801 FOR 中学代码=1801
4.sort on 出生年月,序号/d to x1_8A
  set filt to  性别="男"
  copy to x1_8B
5.Dele for 中学代码="2003"
  reca for 性别="女"
  pack
```

知识链接

1. 打开表命令

格式：USE <文件名> [[INDEX <索引文件名表>][ALIAS<别名>]EXCLUSIVE]

功能：打开当前工作区内的表时可打开相应的索引文件。

说明：如果表中含有备注型字段，相应的 FPT 文件也同时打开。当打开另一个表时，当前工作区中先前使用的表将自动关闭。“ALIAS <别名>”选择项用来给表文件指定别名。如果缺省此项，表文件名本身就是别名。EXCLUSIVE 表示以独占方式使用表，即不允许其他用户在同一时刻也使用该表。

【例 1-47】打开数据库成绩 . dbf 表，并为其命名别名为 CJ。

USE 数据库成绩 ALIAS CJ

2. 关闭表命令

1）USE 命令

格式：USE

功能：关闭当前工作区中打开的表和相应的索引。

2）CLEAR 命令

格式：CLEAR ALL

功能：关闭所有已打开的表文件、索引文件和格式文件，释放所有的内存变量，选择工作区 1 为当前工作区。

3）CLOSE 命令

格式：CLOSE ALL/ DATABASE

功能：CLOSE ALL，关闭所有类型的文件，选择工作区 1 为当前工作区。CLOSE DATABASE，关闭所有已打开的表文件、索引文件和格式文件，选择工作区 1 为当前工作区。CLOSE 命令不释放内存变量。

4）QUIT 命令

格式：QUIT

功能：关闭所有打开的文件，结束 Visual FoxPro 并返回 Windows 操作系统。

3. 显示表记录的命令

1）LIST 命令

格式：LIST [<范围>] [FIELDS<字段名表>] [FOR<条件>] [WHILE<条件>] [TO PRINT] [OFF]

功能：以列表的形式显示表的全体或部分记录及字段内容。

说明：<范围>为 ALL、RECORD <n>、NEXT<n>、REST 中的一个参数。不指定时，默认范围为 ALL。FIELDS <字段名表>用来指定显示的字段名、内存变量名和表达式，其中 FIELDS 可以省略。对于备注型字段及通用字段不显示具体内容。若要显示备注型字段数据，则必须在<字段名表>中明确指出该字段名。

【例 1-48】显示简历。

LIST 姓名，简历

其中，“简历”为表文件结构中所定义的备注型字段名。

指定 FOR<条件>、WHILE<条件>时，将显示满足条件的记录。同时指定 WHILE<条件>优先于 FOR<条件>。

指定 TO PRINT 时，将命令结果发送到打印机上输出。

【例 1-49】带有选择项的 LIST 命令用法示例。

```
USE 数据库成绩
LIST FIELDS 学号,姓名,课程成绩 FOR 性别="男"
LIST FOR 性别=[女].AND. 课程成绩>90
```

2）DISPLAY 命令

格式：DISPLAY［<范围>］［FIELDS<字段名表>］［FOR<条件>］［WHILE<条件>］［TO PRINT］［OFF］

功能：以列表的形式显示表的全体和部分记录及字段内容。

DISPLAY 命令与 LIST 命令格式相同，功能也基本相同。它们的区别是 LIST 缺省<范围>时，显示全体记录；DISPLAY 缺省<范围>时，只显示当前记录。LIST 连续显示记录；而 DISPLAY 分屏显示记录，当显示满一屏后暂停，提示按任意键后继续显示。

4. 利用已有的表建立新表

1）COPY STRUCTURE 命令

格式：COPY STRUCTURE TO<新文件名>［FIELDS<字段名表>］

功能：复制当前打开的表结构到新的表文件中，但不复制任何数据记录。

【例 1-50】复制“数据库成绩”的结构，保存在 CJ. dbf 文件中。

```
USE 数据库成绩
COPY STRUCTURE TO CJ
```

2）COPY TO 命令

格式：COPY TO<新文件名>［范围］［FIELDS<字段名表>］［FOR<条件>］［WHILE<条件>］

功能：将打开表的全部或部分结构及数据复制到新表中。

说明：未指定<范围>、FOR<条件>、WHILE<条件>时，复制所有的记录。未选择 FIELDS <字段名表>时，复制所有的字段。选用 FIELDS<字段名表>时，便指定了新生成的表中所含有的字段及字段的前后顺序。

如果同时存在 FOR 子句和 WHILE 子句，则 WHILE 子句优先。

【例 1-51】复制“数据库成绩”表中“学号”“姓名”“性别”3 个字段到新表“CJ2. dbf”中。

```
USE 数据库成绩
COPY TO CJ2 FIELDS 学号,姓名,性别
```

5. 修改表结构的命令

格式：MODIFY STRUCTURE

功能：打开表设计器窗口，显示当前表的结构，并可直接修改其结构。

修改表结构的表设计器窗口和新建表时完全相同。

6. 记录定位命令

1）GO/GOTO 命令（绝对定位命令）

（1）方法一

格式：GO/GOTO TOP/BOTTOM

功能：记录指针定位到表的第一条记录或最后一条记录。

（2）方法二

格式：GO/GOTO <数值表达式>

功能：记录指针定位到表的某一条记录，命令中<数值表达式>的值就是指针定位的指定记录号。

【例 1-52】定位指针。

```
USE 数据库成绩
GO BOTTOM                       && 记录指针定位到表的最后条记录
GO 3                            && 记录指针定位到表的第三条记录
GO TOP                          && 记录指针定位到表的第一条记录
```

2）SKIP 命令（相对定位命令）

格式：SKIP［<数值表达式>］

功能：将记录指针从当前记录位置向下或向上移动，移动的记录数等于<数值表达式>的值。

说明：<数值表达式>值为正时向下移动，<数值表达式>值为负时向上移动。<数值表达式>缺省时，表示向下移动一条记录。

【例 1-53】用 SKIP 命令移动指针到指定的记录，其中 RECNO() 函数的返回值是当前记录指针的值。

```
USE 数据库成绩
?RECNO()
1
SKIP 2
?RECNO()
3
SKIP-1
?RECNO()
2
```

7. 记录的删除命令

1）DELETE 命令（逻辑删除命令）

格式：DELETE［<范围>］［FOR<条件>］［WHILE<条件>］

功能：在当前表文件中对要删除的记录加上删除标记。

说明：DELETE 命令仅对要删除的记录加上删除标记，并非真正地从库文件中删除。若缺省<范围>选择项，则仅对当前记录加上删除标记。

【例 1-54】在 XSDB 表中，对性别为“女”的记录加删除标记。

```
USE 数据库成绩
DELETE FOR 性别="女"
```

2）RECALL 命令（恢复逻辑删除命令）

格式：RECALL［<范围>］［FOR<条件>］［WHILE<条件>］

功能：在当前表文件中去掉删除标记，恢复被删除的记录。

说明：RECALL 命令可以恢复所有被 DELETE 命令做过删除标记的记录，但不能恢复用 PACK 命令和 ZAP 命令删除的记录。若缺省<范围>选择项，则仅恢复当前记录。

【例 1-55】删除所有非党员的记录，恢复所有被做过删除标记的男生记录。

```
USE 数据库成绩
DELETE FOR. NOT. 党员否
RECALL FOR 性别 = "男"
```

3）PACK 命令（物理删除命令）

格式：PACK

功能：真正删除当前表中带删除标记的记录。

说明：使用 PACK 命令之后，带有删除标记的记录从表中永久删除，不能再用 RECALL 和其他命令恢复，因此使用时要特别慎重。

【例 1-56】真正清除指定范围的记录。

```
USE 数据库成绩
DELE FOR 课程成绩<60
PACK
```

4）ZAP 命令（清空表命令）

格式：ZAP

功能：从打开的表中删除所有的记录，只保留表的结构。

说明：用该命令删除的记录将无法恢复，使用时要特别谨慎。

【例 1-57】永久删除表记录，只保留表结构。

```
USE 数据库成绩
ZAP
```

8. REPLACE 命令（替换命令）

格式：REPLACE［<范围>］<字段名 1>WITH<表达式 1>［，<字段名 2>WITH<表达式

2…][FOR<表达式>][WHILE<表达式>]

功能：用来替换打开表中指定字段的数据。

说明：当范围缺省时，只替换当前记录。<字段名 n>与<表达式 n>的数据类型必须一致。

【例 1-58】为"数据库成绩"表中所有学生课程成绩加 10 分。

USE 数据库成绩

REPLACE ALL 课程成绩 WITH 课程成绩+10

9. LOCATE 命令(条件查询命令)

格式：LOCATE[<范围>][FOR <条件>][WHILE<条件>]

CONTINUE

功能：按顺序搜索表，找到满足条件的第 1 个记录。

说明：若 LOCATE 发现一个满足条件的记录，将记录指针定位在该记录上，可以使用 RECNO()返回该记录的记录号，同时使用 FOUND()函数返回"真"、EOF()函数返回"假"。如果没有找到，则将记录指针指向范围的末尾，如果指定范围为 ALL，则 EOF()返回"真"。

CONTINUE 是用在 LOCATE 之后继续查找满足同一条件的记录的命令。CONTINUE 命令移动记录指针到下一个与<条件>逻辑表达式相匹配的记录上。如果 CONTINUE 命令成功地查找到一条记录，RECNO()函数将返回该记录的记录号，并且 FOUND()函数返回"真"，EOF()函数返回"假"。

10. 追加记录

追加记录就是向表的末尾添加记录。

1）交互操作方法

①打开"浏览"窗口，选择"表"菜单"追加新记录"命令，即可在当前浏览的表最后记录的下面产生一个空白记录，供追加新记录。将光标定位在各字段，输入数据后关闭窗口。

②打开"浏览"窗口，选择"显示"菜单中"追加方式"命令，出现追加新记录窗口后输入记录数据。

说明："表"菜单"追加新记录"命令一次只能追加一个记录，而"显示"菜单"追加方式"命令一次可追加多个记录。按"Ctrl+Y"也可以产生一个空白记录。

2）APPEND 命令

格式：APPEND [BLANK]

说明：使用 BLANK 子句能在表末尾追加一条空白记录，留待以后填入数据。若缺省 BLANK 子句就会出现记录编辑窗口，窗口内有空白的记录等待用户输入数据成批加入。

3）INSE INTO 命令

格式：INSERT INTO <表名>[(<字段名 1>[,<字段名 2>,…])]
　　　VALUES(<表达式 1>[,<表达式 2>,…])

功能：INSE INTO 命令可直接在表尾追加一个新记录，并直接将提供的数据输入记录。

说明：利用 INSERT INTO 命令追加记录时，源表不必事先打开，但是要求字段与表达式的类型必须相同。

11. 插入记录命令 INSERT

格式：INSERT [BLANK] [BEFORE]

功能：在打开表的任意位置插入新记录或空记录。

说明：如果选择 BLANK 项，则插入一条空白记录，以后可用 BROWSE、EDIT、REPLACE 等命令加入该记录的数据；若不选择 BLANK 项，则出现编辑界面，可以交互方式输入新记录的值。

如果选择 BEFORE 项，则在当前记录之前插入记录；若不选择 BEFORE 项，则在当前记录之后插入记录。

【例 1-59】在“数据库成绩”表的第 3 条记录之前插入一条空记录。

```
USE 数据库成绩
GO 3
INSERT BEFORE BLANK
或者
GO 4
INSERT BLANK
```

12. APEND FROM 命令

格式：APPEND FROM <文件名> [FIELDS<字段名表>] [FOR<条件>]

功能：把指定表文件中的记录有条件或无条件地追加到当前表文件的末尾。

考核评价

评价内容	按要求 完成任务情况(60 分)	自我评定(20 分)	同学评定(20 分)
得分			
合计			

巩固训练

1. 在巩固训练 1 文件夹下，完成如下操作：

(1)将 student 表中学号为 99035001 的学生的“院系”字段值修改为“经济”。

(2)将 score 表中“成绩”字段的名称修改为“考试成绩”。

(3)使用 SQL 命令(ALTER TABLE)为 student 表建立一个候选索引，索引名和索引表达式均为“学号”，并将相应的 SQL 命令保存在 three. prg 文件中。

(4)通过表设计器为 course 表建立一个候选索引，索引名和索引表达式都是“课程编号”。

2. 在巩固训练 1 文件夹下，完成如下操作：

(1)在巩固训练 1 文件夹中新建一个名为“供应”的项目文件。

(2)将数据库“供应零件”加入新建的“供应”项目文件中。

项目2 数据库管理

学习目标

知识目标

1. 掌握数据的创建方法；
2. 掌握数据字典的编辑方法；
3. 掌握表间索引和表间关系；
4. 掌握参照完整性的设置方法。

技能目标

1. 会使用数据库设计器创建数据库；
2. 会编辑表的数据字典、设置字段、有效性规则，编辑数据库的属性；
3. 会对表索引进行分类和建立表索引；
4. 会建立表间关系；
5. 会设置参照完整性。

素质目标

1. 使学生树立正确的社会主义核心价值观，具有爱国主义精神；
2. 培养学生的工匠精神；
3. 培养学生发现问题、解决问题的能力。

任务 2-1 创建数据库

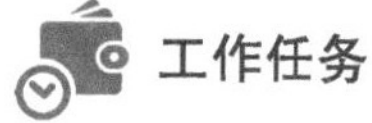

工作任务

新建项目 2，保存到文件夹 2-1 中，在项目 2 中新建数据库 X2. dbc，将表 Y2A. dbf、Y2B. dbf、Y2C. dbf 添加到数据库 X2. dbc 中。

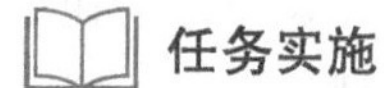

任务实施

文件→新建→项目→确定→数据库→新建数据库 X2. dbc→添加 Y2A. dbf、Y2B. dbf、Y2C. dbf。

知识链接

1. 数据库的创建

在 Visual FoxPro 中创建项目的方法有 3 种：使用项目管理器创建；使用菜单方式创建；使用命令方式创建。

(1)使用项目管理器创建数据库

①选择“文件”→“打开”选项，打开“学生信息管理”项目文件。

②在“学生信息管理”项目窗口中选择“数据”选项卡(图 2-1)中的“数据库”选项，单击“新建”按钮，打开“新建数据库”对话框，如图 2-2 所示。

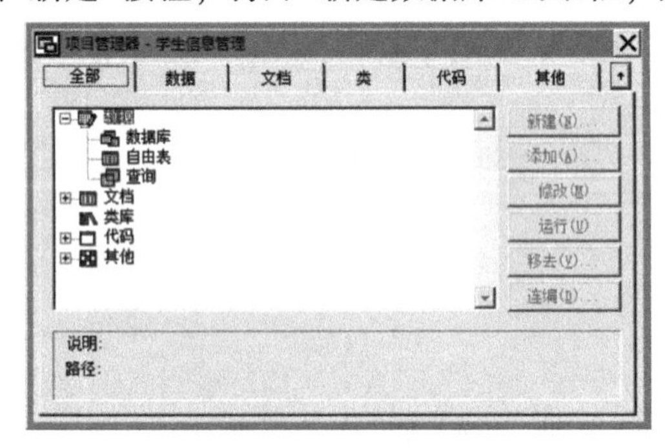

图 2-1 “数据”选项卡

图 2-2 “新建数据库”选项卡

③单击“新建数据库”选项，进行数据库的创建，选择文件保存的位置，并输入数据库名称为“林业学院学生信息”，单击“保存”，完成数据库的建立，如图 2-3、图 2-4 所示。

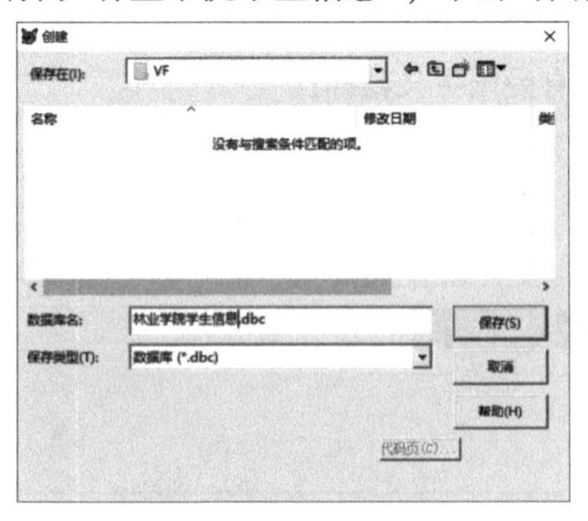

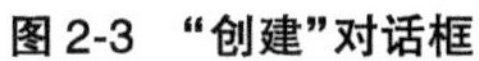

图 2-3 “创建”对话框

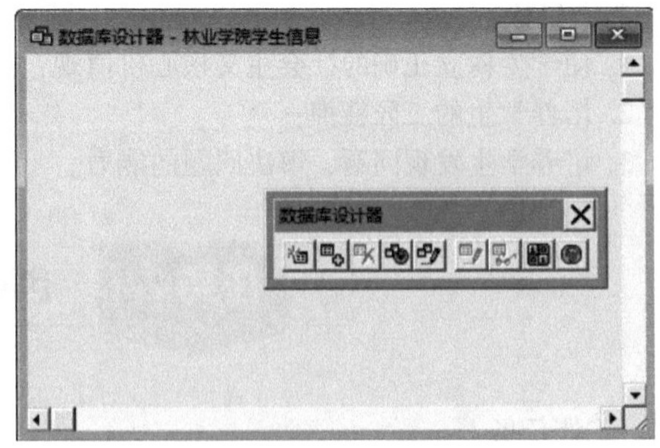

图 2-4 数据库设计器

(2)使用菜单方式创建数据库

选择主窗口菜单中的“文件”→“新建”选项，或单击常用工具栏上的“新建”按钮，在出现的“新建”对话框中选择“文件类型”中的“数据库”选项，再单击右侧“新建文件”或“向导”按钮，如图 2-5 所示，接下来的操作和步骤与使用项目管理器创建数据库相同。

(3) 使用命令方式创建数据库

格式：CREATE DATABASE [数据库名 | ?]

功能：创建一个新的数据库并打开该数据库。若命令中包含可选项或可选项已选择“?”，则出现一个对话框，请求用户指定新数据库的存取路径和名称。

说明：没有指定数据库名称或使用问号都会弹出“创建”对话框，请用户输入数据库名称；当数据库创建后，数据库的名称会显示在工具栏的下拉列表中。

2. 数据库的使用

1) 打开数据库

(1) 在项目管理器中打开数据库

打开“学习信息管理”项目文件，在项目管理器中选择相应的数据库并打开。

(2) 通过“打开”对话框打开数据库

选择主窗口菜单中的“文件”→“打开”选项，或单击常用工具栏上的“打开”按钮，在出现的“打开”对话框中选择“文件类型”中的“数据库”选项，选择要打开的数据库，如图 2-6 所示。

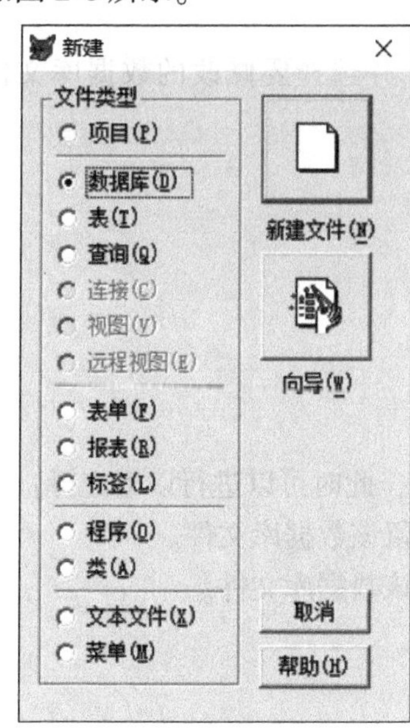

图 2-5　“新建”对话框

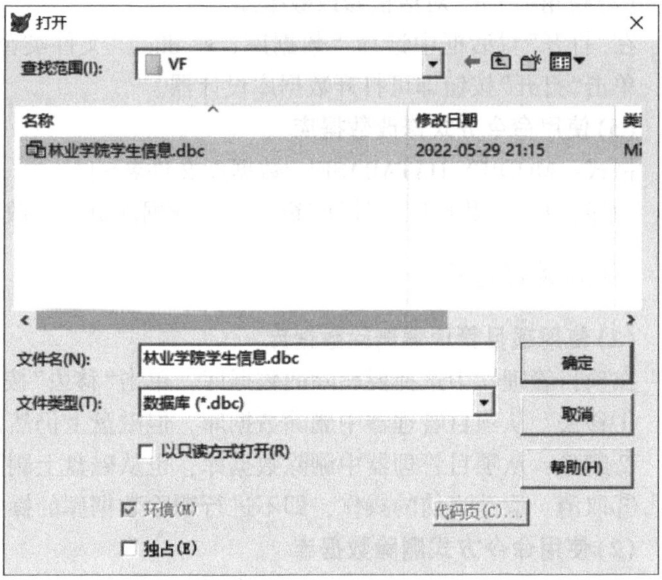

图 2-6　打开数据库

(3) 通过命令方式打开数据库

格式：OPEN DATABASE[数据库文件名][EXCLUSIVE | SHARED]

功能：打开一个已存在的数据库。

说明：EXCLUSIVE 是以独占方式打开数据库，即不允许其他用户同时使用该数据库；SHARED 是以共享方式打开数据库，即允许其他用户同时使用该数据库。

2）关闭数据库

(1)使用项目管理器关闭数据库

在项目管理器窗口中选择要关闭的数据库，然后单击“关闭”按钮。

(2)使用“关闭”选项关闭数据库

选择主窗口菜单中的“文件”→“关闭”选项，即可关闭数据库。

(3)使用命令方式关闭数据库

格式：CLOSE DATABASE[<数据库名>]

功能：关闭当前数据库及数据库中的表。

【例 2-1】关闭“林业学院学生信息”数据库，命令如下：

```
SET DATABASE TO 林业学院学生信息
CLOSE DATABASE
```

3）修改数据库

(1)使用项目管理器修改数据库

打开项目管理器，展开数据库下的选项，选择要修改的数据库，单击“修改”按钮即可打开数据库设计器。

(2)使用“打开”对话框修改数据库

在“打开”对话框中选择 “数据库(* . dbc)”文件类型，并选择要修改的数据库文件名，单击“打开”按钮即可打开数据库设计器。

(3)使用命令方式修改数据库

格式：MODIFY DATABASE[<数据库文件名>]

功能：打开“数据库设计器”窗口，对数据库进行修改。

4）删除数据库

(1)使用项目管理器删除数据库

在项目管理器中选择要删除的数据库，单击“移去”按钮，此时可以进行以下选择：

①移去　从项目管理器中删除数据库，但磁盘上仍然保留该数据库文件。

②删除　从项目管理器中删除数据库，也从磁盘上删除该数据库文件。

③取消　取消当前的操作，即不进行删除数据库的操作。

(2)使用命令方式删除数据库

格式：DELETE DATABASE [<数据库名>] | ? [DELETE TABLES] [RECYCLE]

功能：从磁盘中删除指定的数据库文件。

说明：在执行本命令时，被删除的数据库文件必须处于关闭状态。

- DELETE TABLES：如果想将数据库中所有的数据表一并从磁盘中永久删除，则选择此选项；如果缺省此选项，则只删除数据库，数据库中的数据库表将成为自由表。
- RECYCLE：如果选择此选项，则将删除的数据库文件和表文件等放入系统回收站，需要时可以还原这些文件。

【例 2-2】从磁盘中删除“林业学院学生信息”数据库文件。

```
CLOSE DATABASE[ ALL]
DELETE DATABASE 林业学院学生信息
```

考核评价

评价内容	按要求 完成任务情况(60 分)	自我评定(20 分)	同学评定(20 分)
得分			
合计			

任务 2-2 数据字典的编辑

工作任务

在任务 2-1 的基础上继续完成以下操作:

1. 设置字段属性

在数据表 Y2A. dbf 中设置“民族代码”字段的默认值为“01”，为“民族代码”字段添加字段注释“01 代表汉族”。

2. 设置表属性

在数据表 Y2B. dbf 中添加表注释“该表为考生报名表”；在数据表 Y2C. dbf 中设置“数学”字段的记录有效性，要求为该字段输入的值必须在 0~100；当输入字段“数学”的值不是 0~100 时，“信息”提示“您输入的分数超限，数学成绩必须在 0~100，请重新输入”。

任务实施

1. 设置字段属性

文件→打开→选择类型 . dbf→选中 Y2A. dbf→显示→表设计器→选中民族代码→在默认值里输入“01”→在注释里写“01 代表汉族”。

2. 设置表属性

打开 Y2B. dbf→进入表设计器→选“表”选项→在表注释内输入“该表为考生报名表”→打开 Y2C 表→进入表设计器→选“字段”选项→选“数学”字段，在字段有效性的规则内输入“数学=>0. AND. 数学<=100”→“信息”内输入字符:"您输入的分数超限，数学成绩必须在 0~100 之间，请重新输入"→确定。结果如图 2-7 所示。

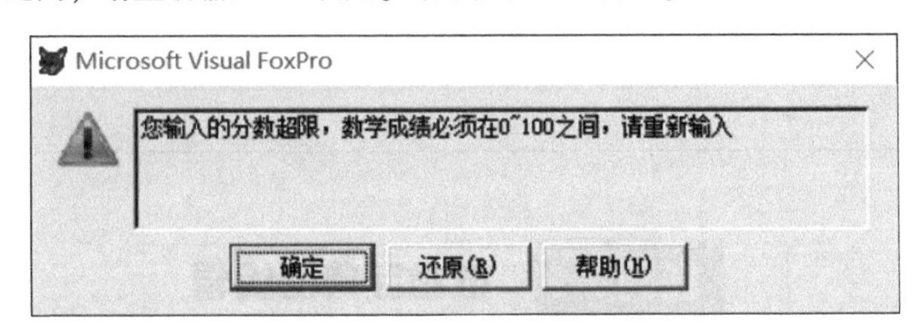

图 2-7　提示信息

知识链接

数据字典是包含数据库中所有表信息的一个表。存储在数据字典中的信息称为元数据，它记录的是关于数据的信息。例如，长表名或长字段名，字段的标题、掩码、默认值、有效性规则，记录的有效性规则和触发器，以及有关数据库对象的定义等。在 Visual FoxPro 中，数据库中的表被收集在一个集合中，可以享受数据字典的各种功能，例如，可以设置字段和记录级的有效性检查，能保证主关键字字段内容的唯一性等。因此，数据字典的各种功能可以使数据库的设计和修改更加灵活。

1. 设置字段属性

数据库表的功能和属性比自由表的多，如字段的标题、字段验证规则、默认值等。这些属性显示在“表设计器”对话框的下半部分，如图 2-8 所示。它们的设置值都被作为数据库内容的一部分永久保存，可供用户随时使用。但是，若从数据库中移去该表变成自由表，则新属性也将消失。

1)“显示”选项区

“显示”选项区中的 3 个属性用于设定数据库表的显示属性。

(1)格式

格式用来规定字段显示的大小、字体或样式。“格式”实际上是字段的输出掩码，它决定了字段的显示风格。选定某字段，在“格式”文本框中输入相应的格式表达式，便可为每个字段分别设置格式要求。格式表达式一般由格式控制符构成，常用的格式控制符见表 2-1 所列。

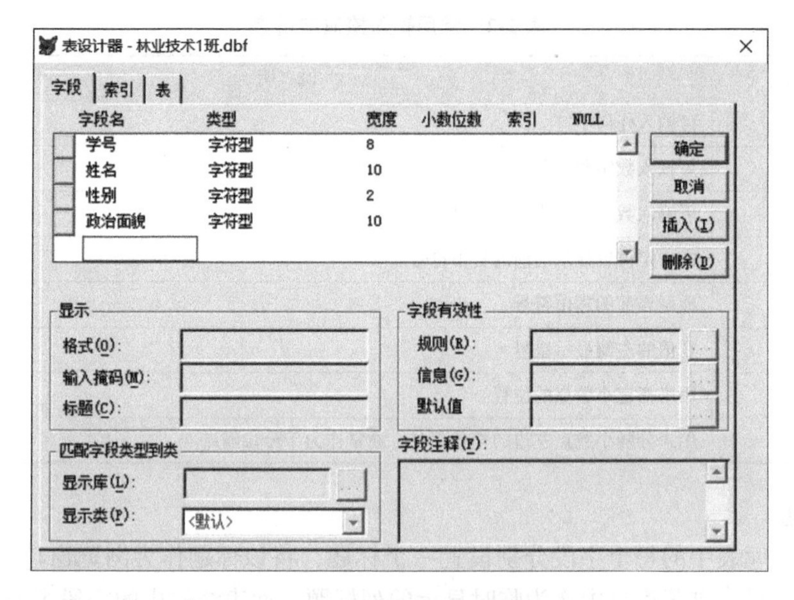

图 2-8 “表设计器”对话框

表 2-1 常用格式控制符

代码	说 明
A	只能输入文字和字母，禁止输入数字、空格或标点
D	使用当前的默认日期格式显示数据
L	将数值型数据前面的空格位用前导零填充，而不是空格字符
T	删除字段中的前导空格和尾部空格
!	将字段中的小写字母转换成大写字母

在“格式”文本框中，若输入的是一位格式代码，指定的是整个字段内每个字符的输入限制条件和显示格式。

(2) 输入掩码

输入掩码用于确定字段中数据的输入格式，主要是验证所输入的每一个字符的正确性，防止数据的非法输入。可先选定某个字段，然后在“输入掩码”文本框中输入相应的掩码字符串。常用的输入掩码字符串见表 2-2 所列。

“输入掩码”文本框中的一个符号只能控制对应字段中的一位数据，因此输入掩码的个数应与字段的宽度相对应。

设置“格式”和“输入掩码”的作用是：前者用于限制显示输出，后者则用于限制输入。例如，指定“学生信息表 . dbf”中“所在学院”字段的显示格式为“AT”，“学号”字段的输入掩码为“h20201010”，则在这个表的浏览窗口中，当增加新记录时，“所在学院”字段只能接受字母输入，而不能输入空格字符、数字等；而在“学号”字段中，为 9 的只能输入数字，其中 h 是一个以原样显示的插入性字符，它不用输入，因此可以加快输入的速度。

表 2-2 常用输入掩码字符串

输入掩码	说明
X	可输入任何字符
9	可输入数字和正负号
#	可输入数字、空格和正负号
$	在指定位置显示当前的货币符号
$$	显示当前的货币符号
*	在值的左侧显示星号
.	用来指定小数点的位置
,	用来分隔小数点左边的整数部分，通常作为千分位隔点

(3) 标题

可为数据库表中的每个字段分别设置一个标题，将该标题作为浏览窗口中的列标题。但该字段标题只在浏览窗口中作为临时显示的列标题，而表结构中的字段名并未改变。因此，“标题”文本框中的内容一般是对字段含义的直观描述或具体解释。

2）“字段有效性”选项区

字段有效性是对输入数据库表的数据以字段为整体设置其验证规则，也称字段级验证。当输入列表中的数据违反了字段有效性规则时，系统会拒绝接收新数据，并显示出错的提示信息。字段有效性在上述格式码和输入掩码规则验证的基础上，进一步保证了数据的准确性。

(1) 规则

“规则”设置的是对字段的验证规则。可在“规则”文本框中直接输入一个逻辑表达式，也可单击该文本框右侧的“…”按钮，在“表达式生成器”对话框中构造逻辑表达式。当向表中输入的数据使得表达式值为 .T. 时，通过字段验证；否则系统拒绝接收新数据。

例如，“性别”字段的有效性规则表达式为：性别 =“男”. OR. 性别 =“女”。表示在向“性别”字段输入数据时，只能输入“男”或“女”两个汉字，输入其他均为非法数据。

(2) 信息

“信息”文本框中的内容是对设置了有效性规则的字段，在向该字段输入数据后，不能通过字段验证时显示的提示内容。在该文本框中输入的字符串，必须加字符定界符。若不进行该项设置，则系统显示默认的提示信息，如“性别”字段设置，系统默认提示信息为“违反了字段性别的有效性规则”。

(3) 默认值

如果某个字段的值对于多数记录都是相同的，则可以为该字段设置一个默认值。例如，表中的“性别”字段的默认值设为“男”。其作用是当以后在数据表中添加一个新记录时，系统便会自动地将默认值填入相应的字段中，从而简化数据的录入过程，若是女性则改为“女”。

3）“匹配字段类型到类”选项区

通过在该选项区中设置，可将一个用户自定义的类挂载到指定的字段上。例如，若将一个已建好的组合框类挂载到某个字段上，在创建表单时，将包含该字段的表添加到表单的数据环境中，当用鼠标将该字段拖放到表单上时，就会自动生成一个组合框控件。

4）“字段注释”列表框

对于数据库表，可以为某个字段加上一些注释信息，对该字段的含义进行较为详细的解释和说明，有利于用户对该字段的理解，并正确使用该字段。若要为某个字段添加注释信息，只需在“字段注释”列表中输入相关内容即可。

2. 设置表属性

1）记录的有效性规则

除了可以设置数据库表中字段有效性规则之外，也可以设置记录的有效性规则，用于验证输入数据库表中记录的数据是否合法和有效，这一规则又称记录级验证。当用户改变记录中某些字段的值并试图将记录指针从该记录移开时，系统便会立即进行记录的有效性检查，即将记录中的数据与规则表达式相比较，只有匹配后才允许记录指针离开，否则将显示错误提示信息，并将记录指针重新指向该记录。

在“表设计器”对话框的“表”选项卡中进行记录有效性规则的设置，如图 2-9 所示为类似字段有效性的设置。

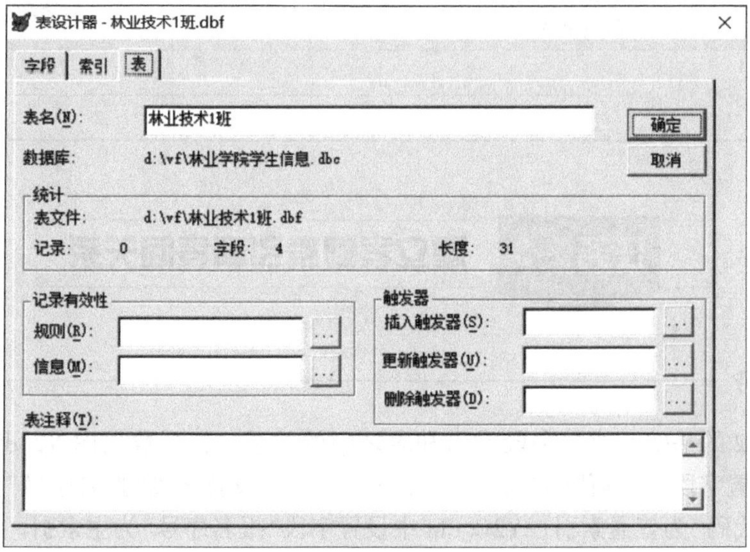

图 2-9 设置记录规则及触发器

(1)规则

由一个逻辑表达式构成，用以验证当前记录中某些字段的值是否满足条件。其输入与字段有效性中的规则相同。

例如，若要保证记录的“学号”字段的内容不能为空，可在规则文本框内输入如下规则表达式：. NOT. EMPTY(学号)。

(2)信息

在“信息”文本框中输入当前记录中的数据没通过记录的有效性验证时，要显示的错误提示信息内容。其要求与字段有效性中的信息相同。

2）触发器

触发器是绑定在表中的表达式，当插入、更新或删除表中的记录时激活此触发器，作为对数据库表中已存在的数据进行插入、更新或删除操作时的数据验证规则，用于防止非法数据的输入。触发器是对表中数据进行有效性检查的机制之一，可以作为数据库表的一种属性而建立，并存储在数据库中。如果某个表从数据库中移除，则与此相关的触发器同时被删除。

数据库表的触发器有 3 种，即插入触发器、更新触发器和删除触发器，如图 2-9 所示。每种触发器对应的文本框中可输入的内容是一个逻辑表达式，作为对数据库表中数据进行插入、更新和删除操作时的验证规则。当对该表执行了插入新记录、修改原有记录的字段值或者删除记录等操作时，便会自动引发相应触发器中所包含的规则代码并返回一个逻辑值，若触发器的返回值为 .F. ，将显示触发器失败的信息，说明表中数据不符合触发器验证规则。

考核评价

评价内容	按要求 完成任务情况(60 分)	自我评定(20 分)	同学评定(20 分)
得分			
合计			

任务 2-3 建立表间索引和表间关系

工作任务

在任务 2-2 的基础上建立字段索引和表之间的关系。打开数据库 X2. dbc，在数据表 Y2A. dbf 中设置字段“民族代码”为主索引；Y2B. dbf 中设置字段“报名序号”为主索引，设置字段“民族代码”为普通索引；Y2C. dbf 中设置字段“报名序号”为主索引。选择正确的关联字段，为表 Y2A. dbf 与 Y2B. dbf 建立一对多关系，为表 Y2B. dbf 与表 Y2C. dbf 建立一对一关系。

任务实施

在项目2数据库中，Y2B表与Y2A表、Y2C表具有一对多的关系，即一个学生可以有多门功课的成绩。两张表之间通过“报名序号”“民族代码”字段来建立关联。步骤如下：

①在建立表之间的永久关系之前，需要为表创建索引，按任务2-2中建立索引的方法，为Y2C表中的“报名序号”建立一个主索引；为Y2B表中的“报名序号”建立一个普通索引，再建立一个索引名和索引表达式均为“民族代码”的普通索引；为Y2A表建立一个索引名和索引表达式均为“民族代码”的主索引。

②建好索引后，回到“数据库设计器”，在主表（Y2C）的“报名序号”索引标识上按下左键不放，拖动到子表（Y2B）的“报名序号”索引标识上，释放鼠标按钮，同样，将Y2A表的“民族代码”索引标识拖放到Y2B表的索引标识上。此时在“数据库设计器”中，可以看到两个表的索引标识之间有一条黑线连接，表示两个表之间的永久关系，如图2-10所示。

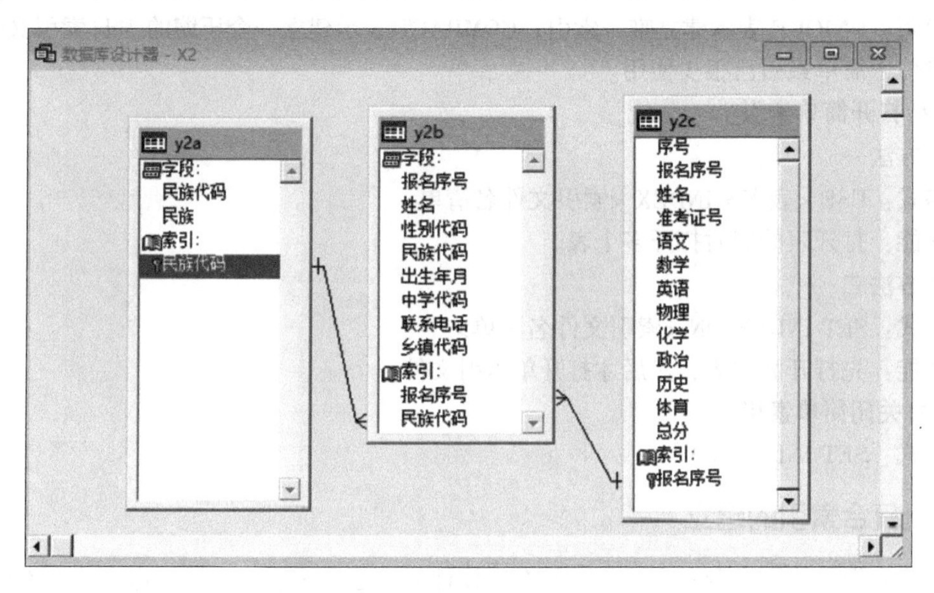

图2-10 表间的永久关系

知识链接

1. 索引

1）基本概念

索引是按索引表达式使数据表中的记录有序地进行逻辑排列的技术。

①按文件扩展名划分　分为单索引文件（*.idx）和复合索引文件（*.cdx）两类。

②按索引功能划分　分为主索引、候选索引、普通索引和唯一索引4类。

通过链接不同表的索引，数据库设计器可以很方便地建立表之间的关系。

③按文件结构形式划分　分为结构复合索引文件和非结构复合索引文件两类。

结构复合索引文件：复合索引文件名与表名相同，打开表时，索引文件将自动打开。

非结构复合索引(独立索引)文件：复合索引文件名与相关表不同(扩展名仍为 . cdx)。

表中记录实际排列次序称为物理顺序，此顺序在输入记录时已确定；由索引决定的顺序称为逻辑顺序或索引顺序。因此，索引不改变当前数据表记录的物理顺序，只是改变了记录的逻辑顺序，建立一个与数据表相对应的索引文件。

2）简单索引的建立、打开与关闭

(1)用命令建立简单索引

格式：INDEX ON <关键字表达式> TO 索引文件名
　　[. IDX][UNIQUE][FOR 条件][COMPACT]

功能：给当前表中符合条件的记录按给定的关键字表达式建立索引文件。

说明：UNIQUE 表示建立唯一索引；COMPACT 表示建立一个压缩的 . idx 索引文件。

目前，简单索引已很少使用。

(2)打开简单索引

①方法一

格式：USE <表名> INDEX <索引文件名清单>

功能：打开表的同时打开多个表。

②方法二

格式：SET INDEX ON <索引文件名清单>

功能：先打开数据表，然后才打开单索引文件。

(3)关闭简单索引

格式：SET INDEX TO

3）复合索引的建立

复合索引的建立有两种方法：一是在表设计器中建立索引；二是用命令建立索引。用命令建立索引的方法如下：

格式：INDEX ON 关键字表达式 TAG 索引标记
　　[OF 独立索引文件名][FOR 条件]
　　[ASCENDING/DESCENDING][UNIQUE]
　　[CANDIDATE][ADDITIVE]

功能：对当前表按给定的关键表达式建立索引。

说明：

- OF 独立索引文件名：缺省此项，则建立结构复合索引(图 2-11)，文件名同表名，扩展名为 . cdx。
- FOR 条件：只索引符合条件的记录。
- ASCENDING/DESCENDING：说明建立升序或降序，默认为升序。

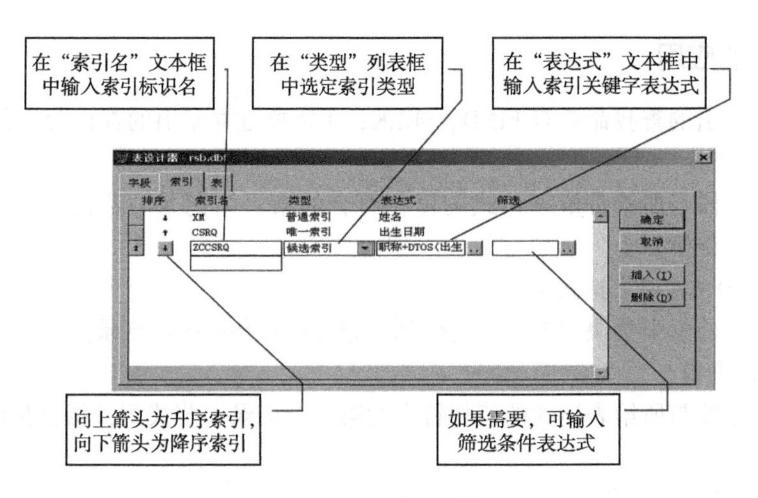

图 2-11 结构复合索引

- CANDIDATE：建立候选索引。
- ADDITIVE：关闭以前的索引，使新建立的索引成为当前索引。

4）主控索引的设置

若同时打开多个索引，则有一个起着主要作用，它决定着表的当前逻辑顺序，这个索引称为主控索引。

格式：SET ORDER TO <数值表达式>或<索引文件名>

5）删除索引

格式：DELETE TAG 索引标识［OF 非结构索引文件名］

功能：删除指定的索引。

6）复合索引的打开与关闭

结构复合索引文件随表的打开而自动打开，非结构复合索引文件的打开、关闭与简单索引文件相同，使用命令如下：

①方法一

格式：USE 表名 INDEX 独立复合索引文件名表

功能：打开表的同时打开索引。

②方法二

格式：SET INDEX TO 非结构复合索引文件名表

功能：单独打开索引。

③方法三

格式：SET ORDER TO <TAG 索引标识/数值表达式>

功能：指定主控索引。

7）索引的应用

需要建立索引的查找命令有 FIND、SEEK；不需要建立索引的查找命令有 LOCA。

(1) FIND 查找

查找关键字段与所给常量表达式的值相符合的第一个记录。若找到，指针指向该记录；否则指向文件尾。

格式：FIND <常量表达式>

功能：在当前索引中快速查找并定位到与查找内容相匹配的记录。

(2) SEEK 查找

查找关键字段与所给表达式的值相符合的第一个记录。若找到，指针指向该记录；否则指向文件尾。

格式：SEEK <表达式>

功能：在当前索引中快速查找并定位到与查找内容相匹配的记录。

2. 表间关系

1）关系的类型

(1) 永久关系

永久关系是在数据库表之间建立的一种关系，这种关系不仅在运行时存在，而且一直保留，它们存储在数据库文件中。永久关系不能控制相关表中记录指针的移动。

(2) 临时关系

临时关系是在任意表之间建立的一种关系。自由表之间只能建立临时关系，表一旦被关闭，则临时关系不存在。

在建立表间的临时关系之后就会使得一个表(子表)的记录指针自动随另一个表(父表)的记录指针移动而移动。

2）父表和子表

①父表　一对一或一对多的表关系中的主表或主控表。

②子表　一对一或一对多的表关系中的相关表或受控(跟随)表。

在临时关系中，父表中记录指针的移动将导致子表中的当前记录指针也依据建立的关系而随之移动。

在永久关系中，由子表建立的索引类型决定两表之间是一对一还是一对多的关系。若所建索引为主索引或候选索引，则为一对一；若所建索引为普通索引，则为一对多。

【例 2-3】将“林业技术 1 班”表和“数据库成绩”表建立一对一的关系。

①在项目管理器窗口打开“数据库设计器”查“林业学院学生信息”数据库。

②选择“林业技术 1 班”表中的主索引“学号”，将其拖到“数据库成绩”表中的对应“学号”索引上，这时，可以看到它们之间出现一条黑线，表示在两个表之间建立了一对一的

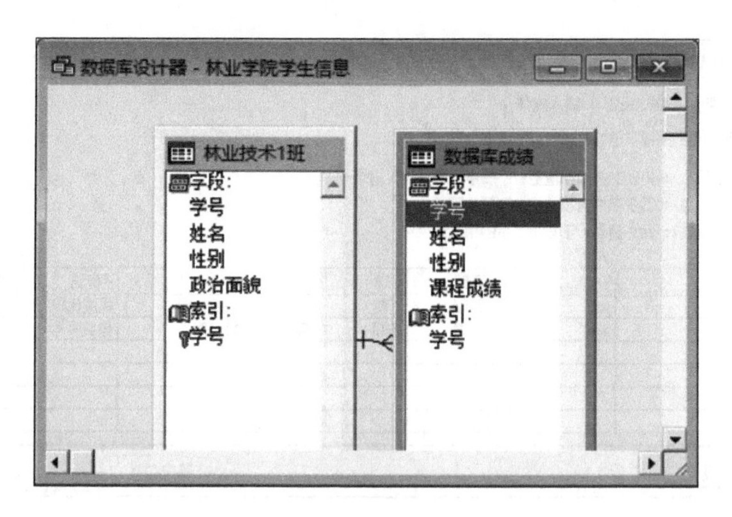

图 2-12 “数据库设计器”对话框

关系，如图 2-12 所示。

3）建立表间永久关系

在“数据库设计器”中，用鼠标从一个表的主索引或候选索引拖到另一个表的任一索引，当出现表间关联连线时表示关系已建立。用鼠标右键单击连线，弹出快捷菜单，可以进行删除关系、编辑关系和编辑参照完整性操作。

在数据库表间建立永久关系必须注意以下事项：

①只能在数据库表间建立永久关系。

②两表必须就共同的字段建立索引，且父表索引类型必须为主索引或候选索引。

③所建关系的类型依据子表索引类型而定。

3. 编辑参照完整性

在表间建立关系后，可以通过设置参照完整性来建立一些规则，以便控制相关表中记录的插入、更新或删除。

打开方法：右击关联线，在弹出的菜单中选择“编辑参照完整性”命令或选择“数据库”→“编辑参照完整性”选项，出现“参照完整性生成器”对话框，如图 2-13 所示。

在“参照完整性生成器”对话框中，有“更新规则”“删除规则”“插入规则”3 个选项卡。

1）更新规则

①级联　用新的关键字值更新子表中的所有相关记录。

②限制　若子表中有相关记录，则禁止更新。

③忽略　允许更新，有关子表中的相关记录。

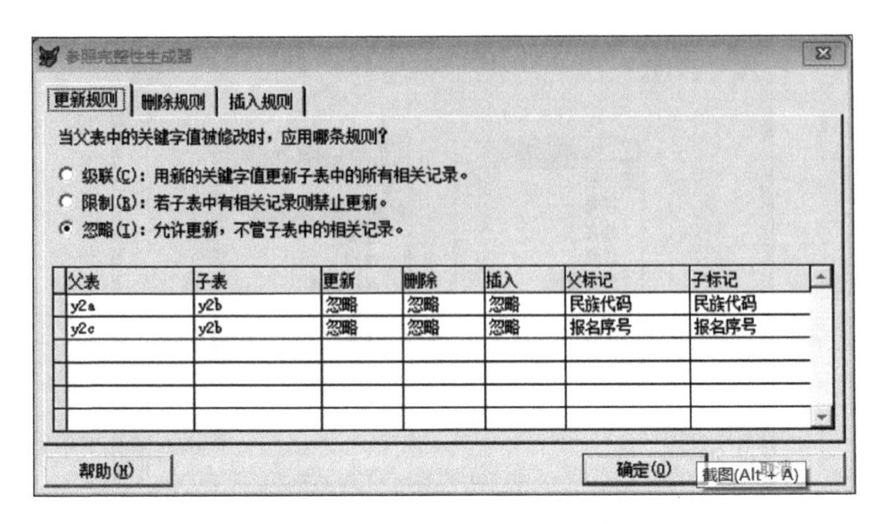

图 2-13 “参照完整性生成器”对话框

2）删除规则

①级联　删除子表中的所有相关记录。
②限制　若子表中有相关记录，则禁止删除。
③忽略　允许更新，忽略子表中的相关记录。

3）插入规则

①限制　若父表不存在匹配的关键字值，则禁止插入。
②忽略　允许插入。

考核评价

评价内容	按要求 完成任务情况(60 分)	自我评定(20 分)	同学评定(20 分)
得分			
合计			

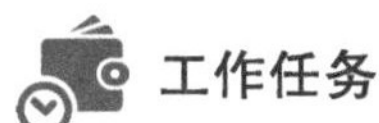

工作任务

分别在第 1、2 工作区打开“林业技术 1 班”“数据库成绩”两个表，并选择当前工作区。

任务实施

先选择工作区 1，打开“林业技术 1 班”表，再选择工作区 2，打开“数据库成绩”表。操作步骤如下：

```
OPEN DATABASE 林业学院学生信息
SELECT 1
USE 林业技术 1 班
SELECT 2
USE 数据库成绩
```

也可以在 USE 命令中直接指定在哪个工作区中打开表，例如：

```
USE 林业技术 1 班 IN 1
```

知识链接

前文讲述的对表的操作都是在一个工作区中进行的，由于一个工作区只能打开一个表文件，因此用 USE 命令打开一个新表时，之前打开的表就会自动关闭。

1. 多工作区的概述

1）多工作区

数据库表在使用时，打开第 2 个数据库表后，第 1 个数据库表便自动关闭，那么在同一个时刻需要打开多个数据库表时，只能在不同的工作区打开，这样才可以对多个数据表同时进行操作。因此，工作区可以理解为内存中一块独立的存储区域。

Visual FoxPro 系统允许最多同时使用 32 767 个工作区，工作区编号 1～32 767。但实际能使用的工作区数量与内存容量有关。系统默认在第 1 个工作区中工作，以前没有指定工作区，实际都是在第 1 个工作区打开表和操作表。

2）别名

每个表打开后都有两个默认的别名，一个是工作区所对应的别名，另一个是表名自身。Visual FoxPro 为每个工作区规定了一个固定的系统别名，对应于 1～10 号工作区的系统别名分别为 A～J。1 号工作区也称为 A 工作区，2 号工作区也称为 B 工作区，以此类推。对应于 11～32 767 号工作区的系统别名分别为 W11～W32767。

当用 USE 命令打开表文件时，表的主名将被系统默认为表的别名。例如，命令“USE 林业技术 1 班”表示“林业技术 1 班”表的别名也是“林业技术 1 班”。如果用户要为表自定义一个别名，可以使用 USE 命令，方法如下：

格式：USE<表文件>[ALIAS<别名>]

功能：在打开表的同时指定表的别名。

3）指定工作区的命令

格式：SELECT <工作区号>/别名/0

功能：选择由工作区号或别名所指的工作区为当前工作区，以便打开一个表或把该工作区中已经打开的表作为当前表进行操作。

说明：

①工作区号　是一个大于等于 0 的数字。系统默认 1 号工作区为当前工作区。

②别名　可以是打开表的表名或该表的别名。

③0　若选择 0，则系统自动选取当前未使用的区号最小工作区作为当前工作区。

2. 使用不同工作区的表

除了使用 SELECT 命令切换工作区使用不同的表外，也允许在一个工作区中使用另一个工作区中的表。方法如下：

1）使用 SELECT<工作区号>/别名/0

如果当前使用的表在第 2 个工作区，可以将第 1 个工作区的“林业技术 1 班”表的记录指针定位于学号为“20200003”上，使用以下命令：

SEEK“20200003”ORDER 学号 IN 林业技术 1 班

2）直接利用表名和表的别名引用另一个表中的数据

具体方法是在别名后加上点号分隔符“.”或“->”操作符，然后接字段名。如：

? 林业技术 1 班.学号

? 林业技术 1 班->姓名

考核评价

评价内容	按要求 完成任务情况(60 分)	自我评定(20 分)	同学评定(20 分)
得分			
合计			

巩固训练

打开巩固训练 2 的“项目 TS”，完成下列操作。

1. 建立数据库：在“项目 TS”中新建图书数据库“tsk. dbc”，保存到文件夹 2-4 中；将图书表(tsb. dbf)、读者表(dzb. dbf)、借阅表(jyb. dbf)添加到数据库 tsk. dbc 中。

2. 设置表 tsb. dbf 的字段属性：设置“编码”字段的输入掩码为“N99999”，标题为“图书编码”，字段有效性规则为字符长度等于 6，字段有效性信息为“编码必须由 1 个字母与

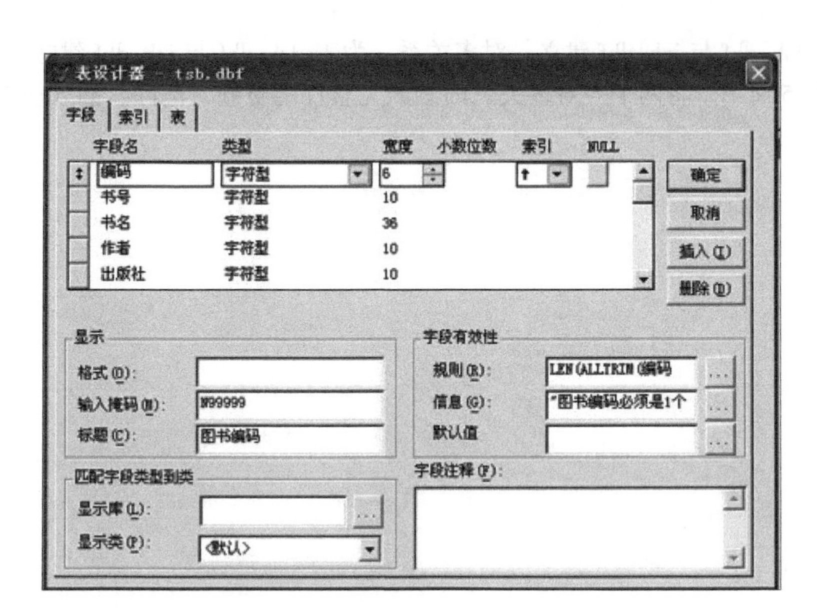

图 2-14　字段有效性规则设置

5 位数字组成!”。结果如图 2-14 所示。设置“书号”字段的输入掩码为“9999999999”，字段有效性规则为字符长度等于 10，字段有效性信息为“书号必须由 10 位数字组成!”。

3. 设置表 dzb. dbf 的字段属性：设置“证号”字段的输入掩码为“999”，标题为“借书证号”，字段有效性规则为字符长度等于 3，字段有效性信息为“借书证号必须由 3 位数字组成!”。

4. 设置表 jyb. dbf 的字段属性：设置“编码”字段的输入掩码为“N99999”，标题为“图书编码”，字段有效性规则为字符长度等于 6，字段有效性信息为“编码必须由 1 个字母与 5 位数字组成!”。设置“证号”字段的输入掩码为“999”，标题为“借书证号”，字段有效性规则为字符长度等于 3，字段有效性信息为“借书证号必须由 3 位数字组成!”。

5. 建立字段索引、表间关系和参照完整性：将图书表(tsb. dbf)和读者表(dzb. dbf)中的候选索引改为主索引，索引标记分别为“bm”和“zh”，如图 2-15 所示。选择正确的关联

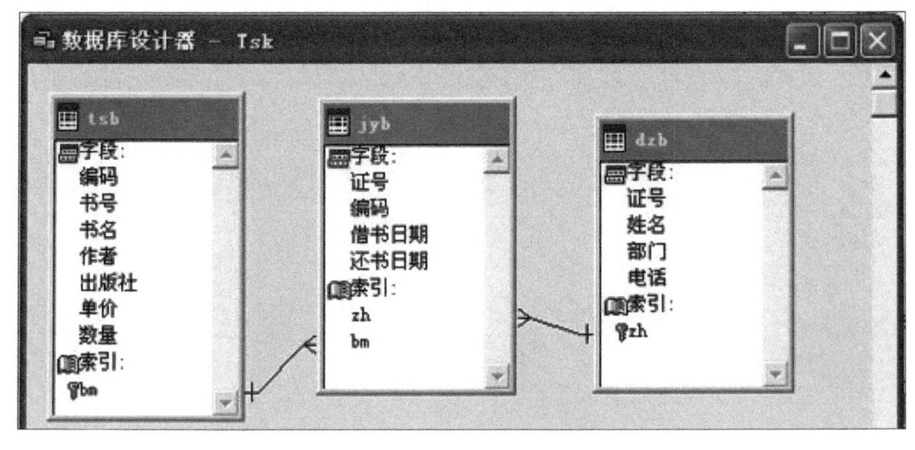

图 2-15　一对多关系图

字段，为表 tsb. dbf 与 jyb. dbf 建立一对多关系，为表 dzb. dbf 与 jyb. dbf 建立一对多关系。结果如图 2-15 所示。将两个一对多关系的参照完整性的更新、删除、插入规则全部设置为“限制”。

项目3 查询与视图创建

学习目标

知识目标

1. 掌握用查询设计器建立查询的方法；
2. 掌握用查询向导创建交叉表查询的方法；
3. 掌握用 SQL 查询语言进行查询的方法；
4. 掌握 SELECT 命令的使用方法；
5. 掌握用视图设计器创建视图的方法；
6. 掌握 SQL 更新命令的使用方法。

技能目标

1. 会利用查询设计器建立查询；
2. 会使用 SQL 语句进行查询；
3. 会使用查询向导建立交叉表查询；
4. 会使用视图设计器创建视图。

素质目标

1. 培养学生爱国、爱岗、敬业、诚实、守信、高效、协作、精益求精等职业道德与素质；
2. 培养学生工匠精神；
3. 培养学生发现问题、解决问题的能力。

任务 3-1 查询向导的使用

工作任务

利用查询向导，为数据库“教学管理 .dbc”中的数据表“成绩 .dbf”建立“成绩情况 .qpr”单表查询文件，并以浏览方式运行查询，查询文件中包含的字段有学号、课程号、成绩。

任务实施

文件→新建→查询→向导→查询向导→数据库和表→字段选取→筛选记录→排序记录→完成。

知识链接

下面以教学管理数据库中的成绩表为例说明使用向导创建简单查询的步骤。

①选择菜单“文件”→“新建”命令，进入“新建”对话框。

②在“新建”对话框中，选中“查询”单选按钮，单击“向导”按钮，进入“向导选取”对话框。

③在“向导选取”对话框中，选择“查询向导”选项，单击“确定”按钮，进入“查询向导”对话框“步骤 1–字段选取”。

④在步骤 1 中，先选择数据库“成绩管理”，再选择数据“成绩 .dbf”表，将“可用字段”列表框中的“学号”“课程号”“成绩”添加到“选定字段”列表框中。

⑤单击“下一步”按钮，进入“步骤 3–筛选记录”对话框。

⑥单击“下一步”按钮，进入步骤 4，设置按“学号”升序排序记录。

⑦单击“下一步”按钮，进入步骤 5，选择“保存并运行查询”单选按钮。

⑧单击“完成”按钮，进入“另存为”对话框，输入所创建的单表查询文件名“成绩查询 . qpr”。

⑨单击“保存”按钮，则创建的单表查询文件将以浏览方式显示出来。

考核评价

评价内容	按要求 完成任务情况(60 分)	自我评定(20 分)	同学评定(20 分)
得分			
合计			

任务 3-2 使用查询设计器创建查询

工作任务

新建项目管理器，命名为“项目”，保存到文件夹“G:\ 教材所用案例\ 3-2”中，完成下列操作。

1. 确定查询的数据源

新建一个“查询”，将 A. dbf、B. dbf 作为查询的数据源。

2. 建立数据源之间的关系

用 A. dbf 中的“乡镇代码”字段与 B. dbf 中的“乡镇代码”字段建立内部联接。

3. 设置查询字段及表达式

选择 A. dbf 中的字段“乡镇”；选择 B. dbf 中的字段“语文”“数学”“总分”；参照图 3-1 所示，编辑显示“b. 总分”的合计的表达式，并添加到选定字段中。

4. 指定查询的条件

选择字段“a. 乡镇”为分组依据；筛选出“b. 总分”大于 500 的记录；选择字段“b. 总分”为排序依据，并要求降序排列。

5. 设置查询去向

将查询结果以“表”的方式保存至自己的文件夹中，文件名为“查询结果 . dbf”，运行查询，结果如图 3-2 所示。

6. 保存查询

将查询命名为“AB. qpr”，保存在“G:\ 在线课程\ 数据库程序设计教材\ 教材所用案例\ 3-2”文件夹中，并添加到项目中。

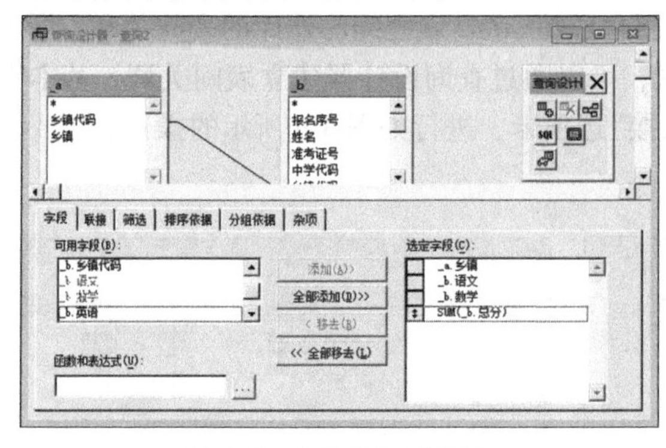

图 3-1　查询字段的选取

查询结果

乡镇	语文	数学	Sum_总分
城关镇	85	83	9684
张营镇	80	84	8625
叶寨镇	80	91	5557
高集乡	76	91	5546
马口镇	73	97	5546
营口乡	85	84	5070
王集镇	76	94	3544
郑桥乡	86	93	3542
马集镇	86	95	3038
张集乡	77	91	3020
草楼镇	75	100	2530
城郊乡	79	96	2070
杨庄乡	83	91	2012

图 3-2　查询结果

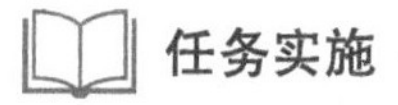
任务实施

添加表→建立关联→选择字段→确定筛选→设置去向→保存查询。

知识链接

1. 通过查询设计器创建查询

Visual FoxPro 系统提供了查询设计器。查询设计器实际上就是 SELECT 命令的交互式设计操作。

使用查询设计器建立查询一般分为以下几步：启动“查询设计器”添加表→设置表间关联→选择显示字段→设置筛选记录条件→排序、分组查询结果→设置查询输出类型。

下面以“学生 . dbf”和“成绩 . dbf”文件为例，建立“成绩查询 . qpr”，查询其中的“学号”“院系”“姓名”“性别”“课程号”和“成绩”字段。

1）启动“查询设计器”添加表

①打开“项目管理器”，选择“数据”选项卡，选中“查询”组件，再单击“新建”按钮，单击“新建查询”对话框，单击添加“表或视图”对话框。也可以用 CREATE QUERY 命令打开“查询设计器”建立查询。

②在“添加表或视图”对话框中选择需要添加的表。首先在“数据库”下拉列表框中选择添加表所在的数据库，然后在“选定”框中选择“表”单选按钮，最后在“数据库中的表”列表框中选择要添加的表，如选择“教学管理”数据库中的“学生 . dbf”和“成绩 . dbf”。

③单击“添加”按钮，将所需的表添加到“查询设计器”中，此时，自动弹出“联接条件”对话框，设置表间的联接条件，单击“确定”按钮。单击“关闭”按钮，关闭“添加表或视图”对话框。

2）设置表间关联

在图 3-3 中显示的是“学生 . dbf”表和“成绩 . dbf”表之间已建库的表间关联，属于内部连接。如果添加的表之间没有建立关联，可以通过查询设计器建立表间关联。基本方法如下：在“查询设计器”窗口中，单击“联接”选项卡，进行如图 3-4 所示的操作。

①在“类型”列中选择连接类型。

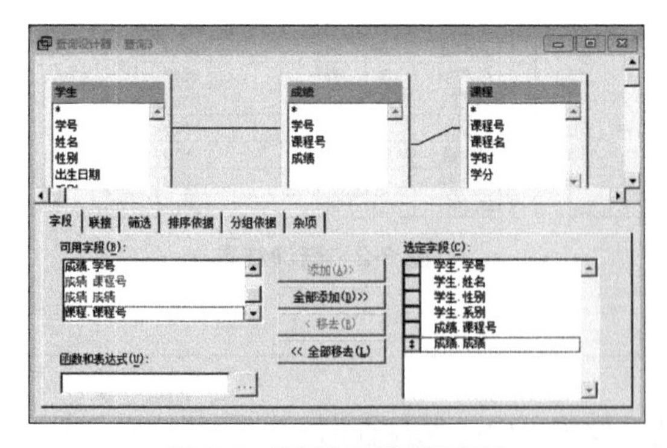

图 3-3 “查询设计器”窗口

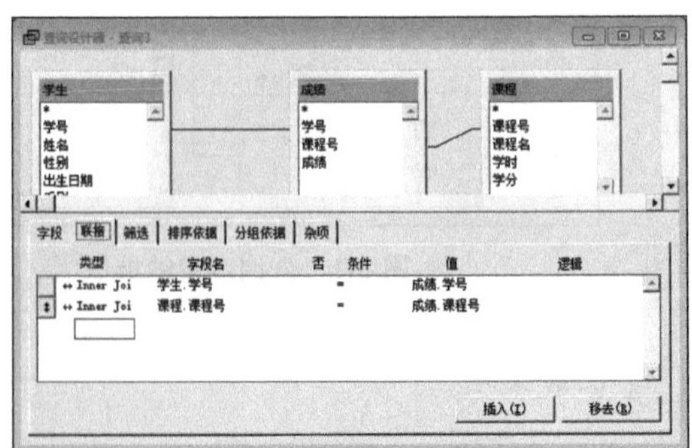

图 3-4 设置表间关联

②在“字段名”列中选择主工作表字段。

③在“条件”列中选择一种操作符。

④在“值”列中选择相关的字段。

3）选择显示字段

在“字段”选项卡中选择要查询的字段。“可用字段”列表框中列出了所添加表的全部字段，从“可用字段”列表框中选择要查询显示的字段，单击“添加”按钮，将其加入“选定字段”列表框中。也可以采用拖动或双击“可用字段”框中显示字段的方式完成。添加字段后可以单击系统工具栏中的“运行”按钮，浏览查询结果。

4）设置筛选记录条件

在“查询设计器”窗口中，单击“筛选”选项卡，完成以下操作：

①在“字段名”列中选择用于建立筛选表达式的字段。

②在“条件”列选择操作符。

③在“实例”列中输入条件值。

这里建立的筛选表达式为：学生.系别="林学院"和学生.性别="男"，如图3-5所示。单击系统工具栏中的“运行”按钮，可以浏览满足筛选条件的查询结果。

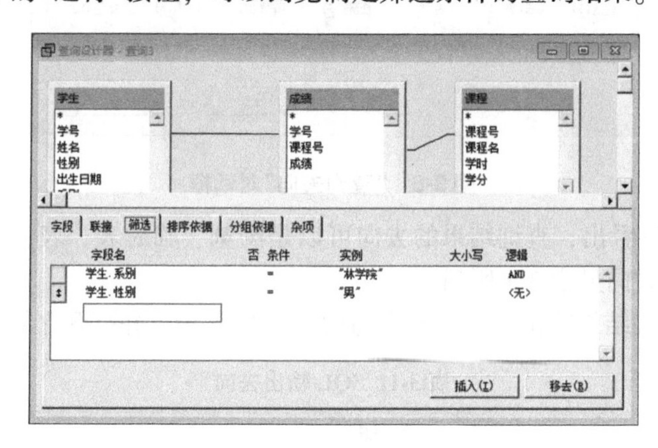

图3-5 设置筛选记录条件及查询结果

5）排序查询结果

利用“排序依据”选项卡可以设置查询结果的记录顺序，其操作步骤如下：

①单击“查询设计器”中的“排序依据”选项卡。

②在“选定字段”列表框中选择排序记录所依据的字段，单击“添加”按钮，将所选字段添加到“排序条件”列表框中。

③在“排序选项”框中选择“升序”或“降序”单选按钮后，在“排序条件”列表框所选字段的前面标向上或向下箭头，以示升序或降序排序。可以选择多个排序依据字段。系统首先按第一个字段进行排序，若该字段值相同，再按所选的第二个字段排序，依此类推。还可以通过“杂项”选项卡设置要显示记录的多少。

④关闭“查询设计器”窗口，弹出询问是否保存查询结果，单击“是”按钮，弹出“另存为”对话框。

⑤在“另存为”对话框中，选择查询文件的保存路径：“G:\ 保存文件名为成绩查询.qpr”。这时，在“项目管理器”的“数据”选项卡中的“查询”组件下就会出现一个“成绩查询.qpr”表。

⑥选中新建的“成绩查询.qpr”表，单击“运行”按钮，可以看到查询的结果。单击“修改”按钮，将重新进入“查询设计器”窗口。

2. 查询去向

使用查询设计器可以将输出结果以多种形式表现出来，如浏览窗口、临时表、表等。一般选择表或报表。

单击“查询设计器”工具中的“查询去向”按钮，得到如图 3-6 所示的对话框。

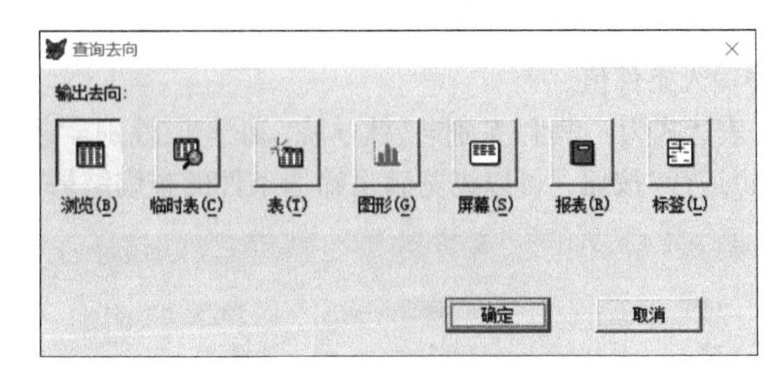

图 3-6 “查询去向”对话框

从图 3-6 中可以看出，查询结果的去向可以是浏览、临时表、表、图形、屏幕、报表和标签，SQL 输出去向见表 3-1 所列。

系统默认将查询结果输出到一个名为“查询”的内存表，并打开它的浏览窗口。

表 3-1 SQL 输出去向

输出去向	功 能	对应的 SQL 语句
浏览	将查询结果显示在浏览窗口	默认
临时表	将查询结果存储在一张只读临时表中	INTO CURSOR 临时表名
表	将查询结果存储在一张表中	INTO TABLE (DBF)表名
图形	将查询结果输出到 GRAPH 程序	
屏幕	将查询结果输出到 Visual FoxPro 主窗口或当前活动窗口中	TO SCREEN
报表	将查询结果输出到报表文件	
标签	将查询结果输出到标签文件	
文本文件	将查询结果输出到文本文件中	TO FILE 文本文件名
打印机打印	将查询结果打印输出	TO PRINT

3. 运行查询

运行查询可以得到查询结果，方法有以下 3 种：

①在“查询设计器”处于打开状态时，使用菜单“查询”→“运行查询”命令。

②使用命令：DO<查询文件名>。

③使用快捷键：Ctrl+Q。

上述操作的过程实际是创建了一条 SQL 的 SELECT 语句。可以选择菜单“查询”“查看 SOL”命令或单击“查询设计器”工具栏上的 SQL 按钮，得到结果如图 3-7 所示。

图 3-7 显示 SQL 窗口

这样产生的 SELECT 语句是一个查询程序，可以保存在以 . qpr 为扩展名的文件中。下次进行同样的查询时可直接执行该程序。

考核评价

评价内容	按要求 完成任务情况(60 分)	自我评定(20 分)	同学评定(20 分)
得分			
合计			

任务 3-3 利用向导创建视图

工作任务

在 3-3 文件夹中有一数据库 school，其中有数据库表 student、score 和 course。建立“成绩大于等于 75 分”，按“学号”升序排序的本地视图 myview，该视图按顺序包含字段“学号”“姓名”“成绩”和“课程名”。

任务实施

新建视图→添加表→选字段→筛选→排序→保存。

知识链接

视图是一种数据库对象。它允许用户从一个表或多个相关联的表中提取有用信息，建立一个“虚表”。视图兼有“表”和“查询”的特点。视图与表的相似之处是，视图可以用来更新其中的数据，并将更新结果永久保存在其表中；与表的不同之处是，视图中并不存储数据，而仅仅是一条 SELECT-SQL 查询语句，打开视图时按此查询语句检索数据，并以表的形式表示。视图是操作表的一种手段，通过视图不仅可以查询表，而且可以更新表。

Visual FoxPro 中可以创建两种类型的视图：本地视图和远程视图。

创建本地视图可以采用 3 种方法：一是使用视图设计器或 CREATE SQL VIEW 命令创建本地视图；二是在“项目管理器”中选择一个数据库，选择“本地视图”，然后点击“新建”按钮，打开“视图设计器”；三是使用 SQL SELECT，可以使用带有 AS 子句的 CREATE SQL VIEW 命令建立视图，打开视图命令为：SET VIEW TO <视图名>。

下面以“成绩管理”数据库中的表为例，说明使用向导创建简单视图的步骤。

①新建项目管理器名称为“成绩管理”，然后添加“成绩管理”数据库，在“数据”选项卡中，如图 3-8 所示，选中“本地视图”组件，单击“新建视图”按钮。

②单击“视图向导”按钮，进入“本地视图向导”对话框。在“数据库和表”下拉列表框中选择“成绩管理”数据库，并选择该数据库下的“学生”，如图 3-9 所示。

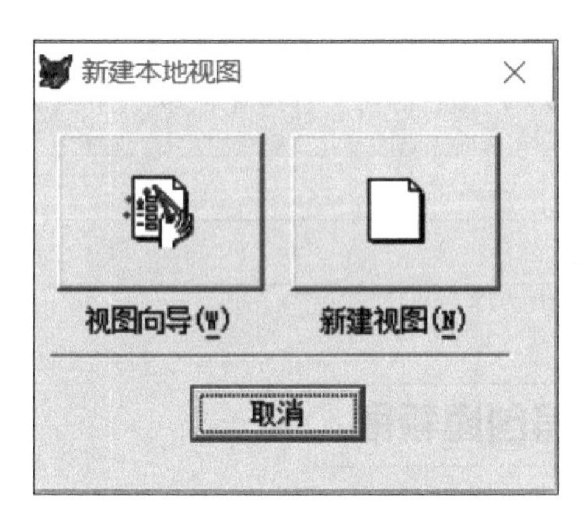

图 3-8 “新建本地视图”对话框

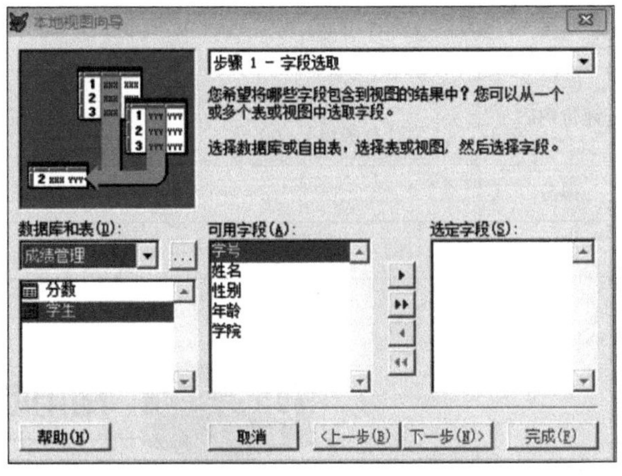

图 3-9 步骤1-字段选取

单击全选按钮，将“可用字段”列表框中的全部字段移到“选定字段”列表框中，然后单击“下一步” 按钮，出现如图 3-10 所示对话框。

③按图 3-10 所示进行记录的筛选，选出“性别”字段等于“男”，并且“年龄”大于“20”的记录。

单击“预览”按钮，可以看到如图 3-11 所示的经过筛选的记录。

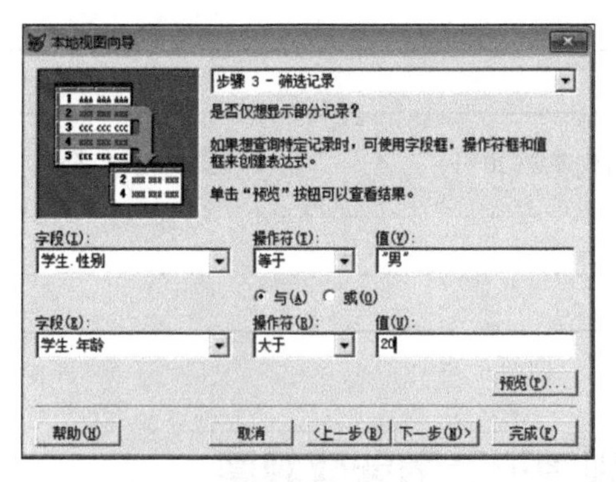

图 3-10　步骤 3–筛选记录

学号	姓名	性别	年龄	学院
0564653	钱路	男	21	数学院
0553123	陈高高	男	22	管理学院
0565513	蒋文	男	21	电院

图 3-11　预览经过筛选的记录

④单击“下一步”按钮，如图 3-12 所示进入“步骤 4–排序记录”，在“可用字段”列表框中选择要按其进行排序的字段“学生学号”，单击“添加”按钮，然后选择“升序”单选按钮。单击“下一步”按钮，出现如图 3-13 所示的对话框“步骤 4a–限制记录”。

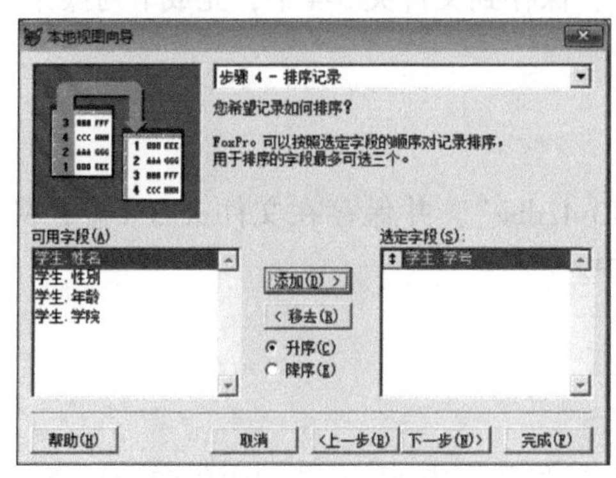

图 3-12　步骤 4–排序记录

图 3-13　步骤 4a–限制记录

⑤单击“下一步”按钮，出现如图 3-14 所示的对话框，单击“预览”按钮，可以看到所建立视图的预览效果。

⑥单击“完成”按钮，出现“视图名”对话框，文件名设置为“学生”，如图 3-15 所示。这时，在“项目管理器”的“数据”选项卡中“本地视图”组件下就会出现一个 “学生”。

图 3-14　步骤 5–完成

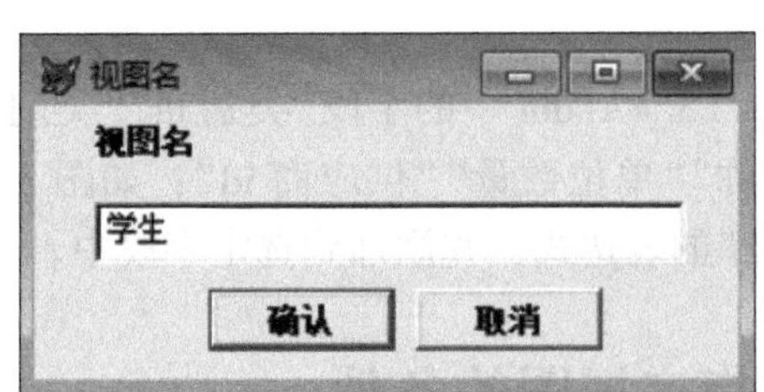

图 3-15　“ 视图名”对话框

考核评价

评价内容	按要求 完成任务情况(60分)	自我评定(20分)	同学评定(20分)
得分			
合计			

任务3-4 利用视图设计器创建视图

工作任务

新建项目管理器，将其命名为“项目3-4”，保存到文件夹3-4中，完成下列操作。

1. 新建数据库

在“项目3-4”中新建数据库，命名为“X3-4. dbc”，并保存在文件夹3-4中；将Y3_4A. dbf、Y3_4B. dbf添加到数据库X3-4. dbc中。

2. 确定视图的数据源

打开数据库X3-4. dbc，新建一本地视图，选择数据库X3-4. dbc中的Y3_4A. dbf、Y3_4B. dbf作为该视图的数据源。

3. 建立数据源之间的关系

用Y3_4A. dbf中的“类别id”与Y3_4B. dbf中的“类别id”字段建立内部联接。

4. 设置视图字段及表达式

选择Y3_4A. dbf中的字段“类别id”“类别名称”；选择Y3_4B. dbf中的字段“产品id”“产品名称”“单位数量”“供应商id”；如图3-16所示，编辑显示“Y3_4b. 单价 * Y3_4b. 再订购量”的表达式，并添加到选定字段中。

5. 指定视图的条件

选择字段“Y3_4b. 产品id”为分组依据；筛选出“Y3_4a. 类别id”为“1”的记录；选择

字段“Y3_4b. 产品名称”为排序依据，并要求升序排列。

6. 设置视图更新条件

将“Y3_4a. 类别 id”“Y3_4b. 产品 id”设置为关键字段；将“Y3_4b. 单位数量”“Y3_4b. 供应商 id”设置为可更新字段；将表设置为可更新。

7. 保存视图和更新数据

将“视图”命名为“视图 3_ 4”；如图 3-17 所示，修改视图中“产品 id”为“76”的记录的“单位数量”“供应商 id”字段内容。

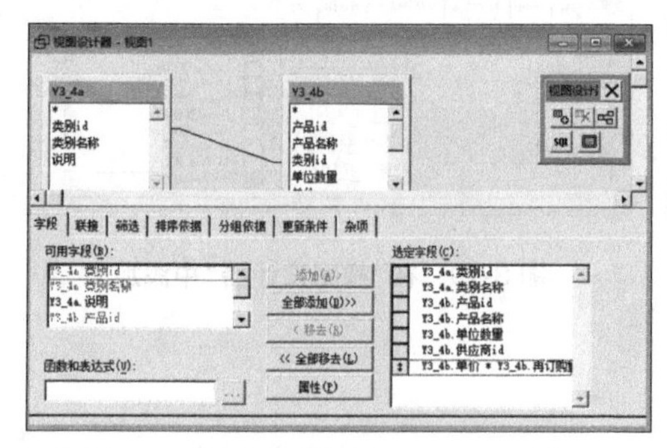

图 3-16　字段的选择

类别id	类别名称	产品id	产品名称	单位数量	供应商id	Exp_7
1	饮料	67	矿泉水	每箱24瓶	16	140.00
1	饮料	43	柳橙汁	每箱24瓶	20	1150.00
1	饮料	38	绿茶	每箱24瓶	29	3952.50
1	饮料	35	蜜桃汁	每箱30瓶	16	270.00
1	饮料	76	柠檬汁	每箱55瓶	55	360.00
1	饮料	2	牛奶	每箱24瓶	4	475.00
1	饮料	75	浓缩咖啡	每箱24瓶	12	193.75
1	饮料	34	啤酒	每箱24瓶	16	210.00

图 3-17　更新数据

任务实施

新建一本地视图，添加表→为表建立关系→选定字段和字段表达式→设置筛选条件→选定排序方法→设置更新（设置关键字、可更新字段、使用更新、发送 SQL）→保存，浏览视图。

知识链接

1. 通过视图设计器创建视图

使用视图设计器建立视图的步骤与使用查询设计器建立查询的步骤基本相似，不同之处在于视图不能设置结果的输出类型，只能将结果显示在“浏览”窗口中。

下面是使用视图设计器建立本地视图的步骤。

1）启动“视图设计器”添加表

①打开“项目管理器”，选择“数据”选项卡，选中“本地视图”组件，再单击“新建”按钮，单击“新建视图”按钮，进入如图 3-18 所示的“添加表或视图”对话框。

②在“添加表或视图”对话框中选择需要添加的表。首先在“数据库”下拉列表框中选择添加表所在的数据库，然后在“选定”框中选择“表”单选按钮，最后在“数据库中的表”列表框中选择要添加的表，如选择“school”数据库中的“course. dbf”“score. dbf”和“student. dbf”表。

③单击“添加”按钮。将所需的表添加到“视图设计器”，如图 3-18 所示。单击“关闭”按钮，关闭“添加表或视图”对话框。由图 3-19 可知，“视图设计器”窗口比“查询设计器”窗口只多了“更新条件”选项卡，其他选项卡都是相同的。

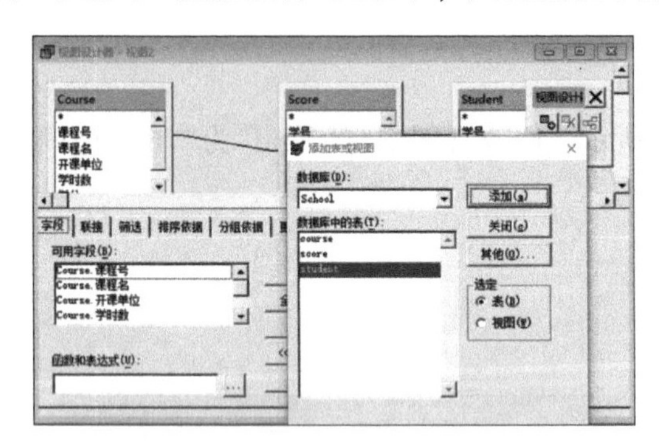

图 3-18 “添加表或视图”对话框

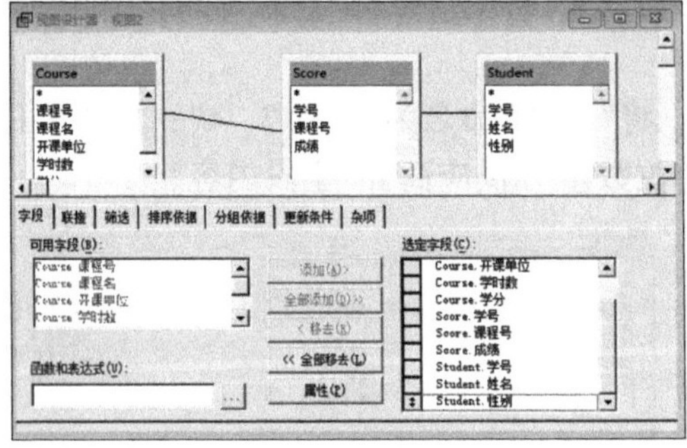

图 3-19 在“视图设计器”中添加表

2）建立表间关联

在图 3-19 中显示的是“course. dbf”“score. dbf”和“student. dbf”表之间建立的表间关联，此关联属内部关联。如果添加的表之间没有建立关联，与建立查询一样，可通过“联接条件”对话框建立表间关联。

3）选择字段

单击“字段”选项卡，在“可用字段”列表框中列出了所添加表的全部字段。从“可用字段”列表框中选择要在视图中显示的字段，单击“添加”按钮，将其加入“选定字段”列表框。重复该过程，直到将视图显示字段全部添加到“选定字段”列表框中为止。

4）设置筛选记录条件

在“视图设计器”窗口中，单击“筛选”选项卡，完成以下操作：

①在“字段名”列中选择用于建立筛选表达式的字段。

②在“条件”列选择操作符。

③在“实例”列中输入条件值。

这里建立的筛选表达式为：score. 成绩>=75。

④单击系统工具栏中的“运行”按钮，可以浏览满足筛选条件的结果，如图 3-20 所示。

5）结果排序

利用“排序依据”选项卡可以设置视图结果的记录顺序。其操作步骤如下：

①单击“视图设计器”中的“排序依据”选项卡。

②在“选定字段”列表框中选择排序记录所依据的字段，单击“添加”按钮将所选字段添加到“排序条件”列表框中。

③在“排序选项”列表框中选择“升序”或“降序”单选按钮，在“排序条件”列表框所选字段的前面标有向上或向下箭头，以示升序或降序。

可以选择多个排序依据字段。系统首先按第 1 个字段进行排序，若该字段值相同再按所选的第 2 个字段排序，依此类推。

6）设置更新条件

视图与查询都可以检索并显示所需信息，其主要区别在于：视图可以更新源表中字段的内容，而查询则不能。

选择“更新条件”选项卡，如图 3-21 所示，该选项卡中包括了以下几个部分：

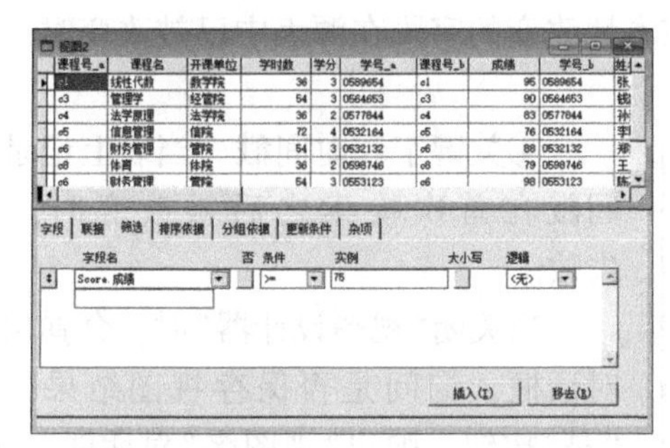

图 3-20　设置筛选记录条件及结果

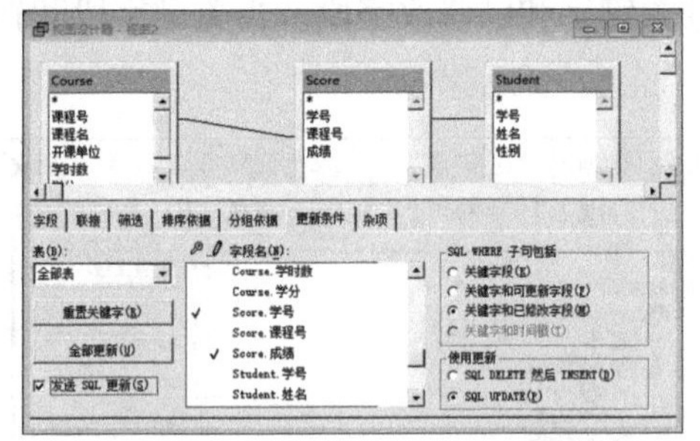

图 3-21　设置更新条件

(1) 表

表指视图所基于的表。本例中有 3 个基表：course、corse 和 student。如果需要更新所有的表，在此选择“全部表”。如果不希望更新“course”和“student”表，只需要更新“corse”表，在“表”的下拉列表框中就选择“corse”表。

(2) 字段名

在“字段名”框中包含了关键字和更新字段。

关键字表示当前视图的关键字字段，当在“视图设计器”中首次打开一个表时，“更新条件”选项卡会显示表中哪些字段被定义为关键字段。单击“关键列”(钥匙形)按钮，出现复选框按钮，单击复选框按钮，出现“√”符号，表示选中，以此可以重新设置关键字。图 3-21中设置的关键字是“学号”。

“可更新列”(笔形)的操作方法与“关键列”相同，有标记的列表示可参与更新操作。参与视图的字段不一定都要参与更新，有的字段只用于显示。如果字段未标注为可更新，则该字段可以在表单中或“浏览”窗口中修改，但修改的值不会返回到源表中。

(3) 重置关键字

单击该按钮，系统会检查源表并利用这些表中的关键字段重新设置视图的关键字段。如果已经改变了关键字段，而又想把它们恢复到源表中的初始设置，可单击“重置关键字”按钮。

(4) 全部更新

如果要单击“全部更新”按钮，必须在表中有已定义的关键字段。“全部更新”不影响关键字段，它表示将全部字段设置为可更新字段。

(5) 发送 SQL 更新

当用户指定更新字段，选中“发送 SQL 更新”复选框，就可以按指定的更新字段在视图中修改字段的内容，然后系统便会用修改后的内容更新源表中相应的记录内容。

(6) SQL WHERE 子句

在该组合框中包括了 4 个单选按钮，这些按钮帮助管理多用户访问同一数据的情况。在不同情况下应该选择的 SQL WHERE 选项如下：

①关键字段　当源表中的关键字段被改变时，更新失败。

②关键字和可更新字段　当源表中的关键字段和任何标记为可更新的字段被改变时，更新失败。

③关键字和已修改字段　当关键字段和在本地改变的字段在源表中已被改变时，更新失败。

④关键字和时间戳　当表上记录的时间戳在首次检索之后被改变时，更新失败。

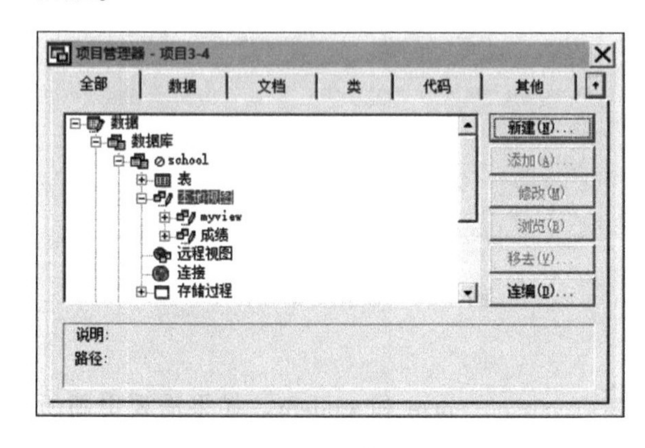

图 3-22　视图设计器更新源表数据

当关闭“视图设计器”时，会弹出询问对话框，询问是否保存视图结果，单击“是”按钮，弹出“视图名”对话框。在“视图名”对话框中输入视图文件名“成绩”。这时，在“项目管理器”的“数据”选项卡中“视图”组件下就会出现一个“成绩”表，如图 3-22 所示。

当完成上述操作后，单击“视图设计器”工具栏中的“SQL”按钮，可以看到视图的内容如下：

```
SELECT * ;
FROM school!course INNER JOIN school!score;
    INNER JOIN school!student;
  ON Score. 学号=Student. 学号;
  ON Course. 课程号=Score. 课程号;
WHERE Score. 成绩>=75
```

由此可见，视图文件实际上是一条 SQL 命令。

2. 利用视图更新表

查询的结果只能阅读，不能修改。而视图则不仅具有查询功能，还可修改记录数据并使源表随之更新。与查询设计器相比，视图设计器中多了一个“更新条件”选项卡，该选项

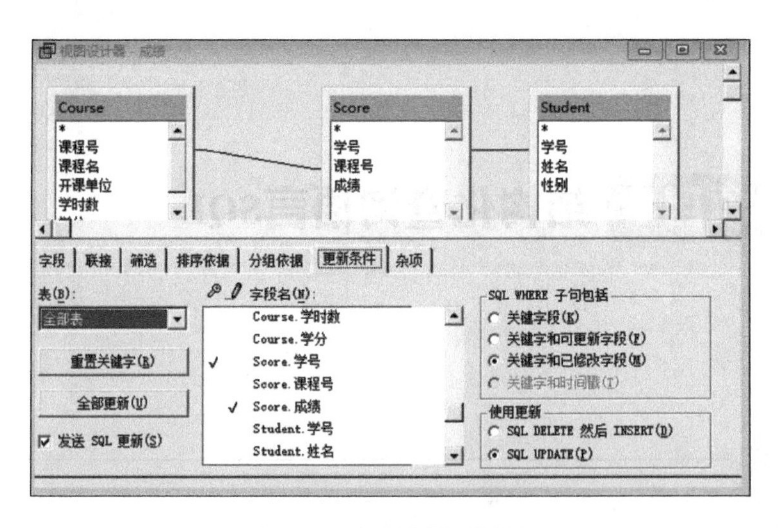

图 3-23 “更新条件”选项卡

卡具有用修改过的记录更新源表的功能，如图 3-23 所示。

“更新条件”选项卡中钥匙符号列的对号表示该行的字段为关键字段，选取关键字段可使视图中修改的记录与表中原始记录相匹配。铅笔符号列的对号表示该行的字段为可更新字段。选择“发送 SQL 更新”复选框表示要将视图记录中的修改传送给原始表。

考核评价

评价内容	按要求 完成任务情况(60 分)	自我评定(20 分)	同学评定(20 分)
得分			
合计			

巩固训练

1. 利用查询设计器创建一个名为 query1. qpr 的查询文件，查询项目训练 3 文件夹下“xuesheng”表和“chengji”表中数学、英语和信息技术 3 门课中至少有一门课在 90 分以上(含)的学生记录。查询结果包含学号、姓名、数学、英语和信息技术 5 个字段，各记录按学号降序排列；查询去向为“table1”表，并运行该查询。

2. 新建一个名为 cj_m 的数据库，并向其中添加“xuesheng”表和“chengji”表。然后在数据库中创建视图 view1：通过该视图只能查询少数民族学生的英语成绩；查询结果包含学号、姓名、英语 3 个字段；各记录按英语成绩降序排列，若英语成绩相同按学号升序排列。最后利用刚创建的视图 view1 查询视图中的全部信息，并将查询结果存在“table2”表中。

项目4 结构化查询语言SQL

学习目标

知识目标

1. 掌握用 SQL 查询语言进行查询的方法；
2. 掌握 SQL 查询的基本格式 SELECT…FROM…；
3. 掌握 SQL 查询中 WHERE 子句的使用；
4. 掌握 SQL 查询中 ORDER BY 及 TOP 子句的使用；
5. 掌握 SQL 查询中常用统计函数的使用；
6. 掌握 SQL 查询中 GROUP BY 及 HAVING 子句的使用；
7. 理解 WHERE 和 HAVING 子句的区别。

技能目标

1. 会使用 SQL 语言进行查询；
2. 会使用 SQL 查询的基本格式 SELECT…FROM…；
3. 会使用 SQL 中的 WHERE 子句、ORDER BY 及 TOP 子句；
4. 会使用 GROUP BY 及 HAVING 子句进行查询；
5. 会区分 WHERE 和 HAVING 的使用方法。

素质目标

1. 培养学生爱国、爱岗、敬业、诚实、守信、高效、协作、精益求精等职业道德与素质；
2. 培养学生工匠精神；
3. 培养学生发现问题、解决问题的能力。

任务 4-1 SQL 查询

工作任务 1

单表无条件查询：用命令执行一个查询，查看 DZB 表中的数据。

任务实施 1

用 SQL 命令：

```
SELE * FROM DZB
```

对应的 VFP 命令：

```
USE DZB
BROW
```

工作任务 2

单表条件查询：编写 SQL 查询命令文件，查看表 TSB.dbf 中中国铁道出版社出版的单价在 20~30 元的图书。查询结果按书号升序排列，结果去向为表，表名为“Tsb_td”，如图 4-1 所示。查询命令文件保存为“SQL1.prg”，添加到“项目 TS”。

Tsb_td

编码	书号	书名	作者	出版社	单价	数量
T53351	7113053351	多媒体应用技术	姚怡	铁道	22.00	1
T54560	7113054560	实用数据结构基础	陈元春	铁道	24.00	0
T62857	7113062857	SQL Server2000数据库应用技术	虞益诚	铁道	30.00	1
T64493	7113064493	Visual FoxPro程序设计	熊发涯	铁道	29.00	1
T64736	7113064736	计算机专业英语	赵俊荣	铁道	26.00	1
T65104	7113065104	ASP动态网页设计教程	丁桂芝	铁道	27.00	0
T67549	7113067549	多媒体应用技术（第二版）	覃华	铁道	23.00	1
T71309	7113071309	C语言程序设计能力教程	赵凤芝	铁道	20.00	1

图 4-1　单表查询结果

任务实施 2

用查询设计器依题意制作这个查询，再点击 SQL 钮，将其命令复制到程序文件“SQL1.prg”，程序清单如下：

```
SELECT * FROM TSB WHERE 出版社='铁道' AND 单价;
BETWEEN 20 AND 30 ORDER BY 书号;
INTO TABL TSB-TD                && 用 SQL 查询形成表 TSB-TD
SELE * FROM TSB-TD              && 用查询命令浏览表 TSB-TD
```

工作任务 3

多表内连接查询：用查询设计器编写多表内连接查询，查看图书库各表中“证号”为“001”的读者的姓名及其所借“中国地质出版社、中国铁道出版社”出版的图书信息。查询结果按借书日期升序排列，结果去向为浏览，如图 4-2 所示。将查询设计器中 SQL 命令复制到命令文件 “SQL2.prg”中，保存，再添加到“项目 TS”。

查询

证号	姓名	编码	书名	出版社	借书日期	还书日期
001	高宏毅	D47166	ASP数据库编程	地质	08/04/05	/ /
001	高宏毅	T65104	ASP动态网页设计教程	铁道	08/04/05	/ /
001	高宏毅	T54560	实用数据结构基础	铁道	08/04/11	/ /
001	高宏毅	D50337	计算机网络应用技术	地质	08/04/15	/ /

图 4-2　内连接查询结果

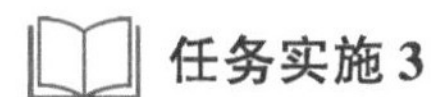

任务实施 3

这是一个超级连接查询。超级连接查询有内部、左、右和完全 4 种连接方式。内连接的查询结果是各表的交集。

直接使用 SQL 语言在命令文件“SQL2.prg”中编写，其清单如下：

```
SELECT DISTINCT Dzb.证号,Dzb.姓名,Tsb.编码,Tsb.书名,Tsb.出版社,;
Jyb.借书日期,Jyb.还书日期;
FROM tsk!dzb INNER JOIN tsk!jyb;
INNER JOIN tsk!tsb;
ON Tsb.编码=Jyb.编码 ;
ON Dzb.证号=Jyb.证号;
WHERE Dzb.证号="001";
AND Tsb.出版社 IN ('地质','铁道');
ORDER BY Jyb.借书日期
```

工作任务 4

嵌套查询：编写 SQL 查询命令文件，通过表 JYB.dbf 和 TSB.dbf，查阅《实用数据结构基础》一书的借阅者的证号。查询结果去向为浏览。查询命令文件保存为“SQL3.prg”，添加到“项目 TS”。

任务实施 4

这实际是两个查询，第 1 个查询是查借阅《实用数据结构基础》一书的证号，由于 JYB 表中没有书名这个字段，因此要用第 2 个查询，从 TSB 表中查这本书的编码。将两个查询一起完成，就是嵌套查询。前者为外查询，后者为内查询，内查询的结果是外查询筛选条件的实例。

可直接使用 SQL 语言在命令文件 SQL4.prg 中编写，其清单如下：

```
SELECT 证号 FROM tsk!JYB WHERE 编码=;
(SELECT 编码 FROM TSB WHERE 书名='实用数据结构基础')
```

知识链接

1. SQL 语言概述

结构化查询语言(Structured Query Language，SQL)是广泛使用的数据库标准语言，是一种综合的、通用的、功能极强、简单易学的语言。

SQL 的主要特点如下：

1）高度集成化

SQL 集数据定义、数据操纵、数据查询和数据控制功能于一体，可独立完成数据库操作和管理中的全部工作，为数据库应用系统的开发提供了良好的手段。

2）非过程化

SQL 是一种非过程化的语言，用户不必告诉计算机怎么做，只要提出做什么，SQL 就可以将要求提交系统，自动完成全部工作，从而大大减轻用户的负担，还有利于提高数据独立性。

3）简洁易学

SQL 功能极强，却非常简洁，完成数据定义(CREATE、DROP、ALTER)、数据操纵(INSERT、UPDATE、DELETE)、数据控制(GRANT、REVOKE)和数据查询(SELECT)等核心功能只用到 9 个命令动词。许多复杂的工作通过一条简单的 SQL 命令就可以完成。SQL 语法非常简单，接近英语自然语法，易学易用。

4）用法灵活

SQL 既能以人机交互方式来使用，也可以嵌入程序设计语言中以程序方式使用，如 Visual FoxPro 就将 SQL 直接嵌入到自身的语言，使用方便、灵活。

2. SQL 的数据查询功能

SELECT-SQL 命令用于从一个或多个表中查询数据。

SELECT 命令的基本结构是 SELECT…FROM…WHERE，代表输出字段……数据来源……查询条件。在这种固定模式中，可以不要 WHERE，但是 SELECT 和 FROM 是必备的。

1）SELECT 语句

命令

SELECT [ALL|DISTINCT][[<别名>]<选项>[AS<显示列名>]]；

FROM<表名>[JOIN <表名>][ON <连接条件>];

WHERE<过滤条件>;

ORDER BY<排序字段>[ASC/DESC];

GROUP BY<分组筛选条件>;

HAVING<分组筛选条件>;

INTO<查询去向>

功能：查询。其中主要短语的含义如下：

SELECT：说明要查询的数据。

FROM：说明要查询的数据来自哪个或哪些表，可以对单个表或多个表进行查询。

WHERE：说明查询条件，即选择元组的条件。

GROUP BY：短语用于对查询结果进行分组，可以利用它进行分组汇总。

HAVING：短语必须跟随 GROUP BY 使用，用来限定分组必须满足的条件。

ORDER BY：短语用来对查询的结果进行排序。

INTO：输出查询结果。

2）各子句及参数说明

(1) SELECT 子句

ALL：表示输出所有记录，包括重复记录。

DISTINCT：表示输出无重复结果的记录。

别名：当选择多个数据库表中的字段时，可使用别名来区分不同的数据表。

显示列名：在输出结果中，如果不希望使用字段名，可以根据要求设置一个名称。

选项：字段名、表达式或函数。

在查询中，可以使用库函数，其中最基本的如下：

COUNT(*)：计算表中记录的个数。

SUM()：求某一列数据的总和（此列数据类型必须是数值型）。

AVG()：求某一列数据的平均值(此列数据类型必须是数值型)。

MAX()：求某一列数据的最大值。

MIN()：求某一列数据的最小值。

短语 AS：可以指定输出的列标题，使输出更容易被人理解。

(2) FROM 子句

FROM 说明查询的数据来自哪个表或哪些表，可以对单个表或多个表进行查询。这些表不必提前打开，执行 SELECT 命令时可自动打开。当包含表的不是当前数据库时，必须加入数据库名称，并且在指定数据库名称之后、表名之前加上感叹号(!)作为分隔符。

(3) WHERE 子句

WHERE 子句说明查询条件，即用于过滤查询结果，过滤条件是一个或几个逻辑表达式，多个表达式可用 AND、OR、NOT 等逻辑运算符组合。

逻辑表达式中的操作符的含义见表4-1所列，其中，在字符串表达式中可以使用百分号(%)和下划线(_)作为通配符，下划线通配一个任意字符，百分号表示任意长度的字符串(表4-1)。

表4-1　逻辑表达式中的操作符

操作符	比较关系	举　例
=	相等	学生基本情况表.姓名="李四"
==	完全相等	学生基本情况表.姓名=="李四"
LIKE	不精确匹配	学生基本情况表.学号 LIKE"2021%"，查询学号前四位是"2021"的学生
>	大于	学生基本情况表.数学>60
>=	大于等于	学生基本情况表.英语>=80
<	小于	学生基本情况表.数学<60
<=	小于等于	学生基本情况表.数学<=60
<>或！=	不等于	学生基本情况表.计算机<>60
BETWEEN	BETWEEN…AND	学生基本情况表.计算机 BETWEEN 60 AND 90

在WHERE短语中，还可用到量词、谓词和子运算符，其意义如下：

①量词　ANY、ALL和SOME，其中ANY和SOME是同义词，在进行比较运算时只要子查询中有一行结果为真，则结果为真；而ALL则要求子查询的所有行结果都为真时，结果才为真。

②谓词　EXISTS、NOT EXISTS是用来检查在子查询中是否有结果返回，即存在还是不存在记录。

③子运算符　IN、NOTIN表示是否存在于数据集合中。

考核评价

评价内容	按要求 完成任务情况(60分)	自我评定(20分)	同学评定(20分)
得分			
合计			

任务4-2　SQL操作

工作任务

在案例4-2中打开项目管理器TS，打开jyb.dbf表，完成以下操作：

①向jyb.dbf表插入一条当天的借书记录(设：证号为"002"，图书编码为"T64493")。

②将表jyb.dbf中读者已还书超过30天的记录删除。

③办理借书后，将表 tsb.dbf 中该编码图书的数量减少 1 本。

任务实施

1. 插入记录操作，代码如下：

```
ZHH='002'
BMM='T64493'
INSE INTO JYB(证号,编码,借书日期)VALUES(ZHH,BMM,DATE())
DISP
CLOS DATA
```

2. 删除记录操作，代码如下：

```
DELE FROM jyb WHER DATE()-还书日期>30   && 做删除标记
SELE jyb
PACK                                   && 彻底删除有删除标记的记录
LIST
USE
```

3. 更新记录操作，代码如下：

```
BMM='T65104'                           && 设借书的编码为'T65104'
UPDA TSK!TSB SET 数量=数量-1 WHER 编码=BMM
                                       && 办理借书后,数量减 1
MESSAGEBOX('已办理成功!',64,'提示')
CLOS DATA
```

知识链接

数据操纵语言是完成数据操作的命令，它由 INSERT（插入）、DELETE（删除）、UPDATE（更新）和 SELECT（查询）等命令组成。查询也划归为数据操纵范畴，但由于它比较特殊，所以又以查询语言的形式单独出现。

1. 插入记录

格式 1：INSERT INTO <表名> [(<字段名 1>[，<字段 2>[，…]])] VALUES(<表达式 1>[，<表达式 2>[，…]])

格式 2：INSERT INTO<表名> FROM ARRAY <数组名>或 FROM MEMVAR

功能：在指定的表尾添加一条新记录，其值为 VALUES 后面表达式的值。

当需要插入表中所有字段的数据时，表名后面的字段名可以缺省，但插入数据的格式必须与表的结构完全吻合；若只需要插入表中某些字段的数据，就需要列出插入数据的字段名，相应表达式的数据位置应与之对应。

2. 更新记录

更新记录就是对存储在表中的记录进行修改，命令是 UPDATE，也可以对用 SELECT 语句选择出的记录进行数据更新。

格式：UPDATE [<数据库名!>] <表名> SET <字段名 1>=<表达式 1> [,<字段名 2 >=<表达式 2> …][WHERE <条件>]

功能：更新满足条件的记录，该记录指定字段值由相对应的表达式值来代替。

3. 删除记录

命令格式：DELETE FROM <表名> [WHERE <条件>]

功能：逻辑删除表中满足条件的记录，即对满足条件的记录删除标志。

4. 建立表结构

格式：CREATE TABLE <表名> [FREE]([<字段名 1>]类型(长度)[,[<字段名 2>]类型(长度…)])[NULL|NOT NULL][CHECK <表达式> [ERROR"提示信息"]][DEFAULT<表达式>]

功能：创建表。

说明：

- FREE：说明定义的表是自由表。
- NULL：允许一个字段为空值。如果一个或多个字段允许包含空值，一个表最多可以定义 254 个字段。
- NOT NULL：不允许字段为空值，即字段必须取一个具体的值。
- CHECK <表达式>：定义字段级的有效性规则。<表达式>是逻辑型表达式。
- ERROR"提示信息"：定义字段的错误信息。当字段中的数据违背了字段的完整性约束条件时，Visual FoxPro 就会显示“提示信息”定义的出错信息。
- DEFAULT<表达式>：定义字段的默认值，<表达式>的数据类型必须和字段类型一致。

5. 修改表结构

格式：ALTER TABLE<表名>ADD<字段名><字段类型>[(<宽度>[，<小数位数>])][NULLNOT NULL][CHECK <表达式>[ERROR"提示信息"][PRIMARY KEY|UNIQUE]]

功能：为指定的表添加指定的字段。

6. 删除表

格式：DROP TABLE<表名>

功能：从数据库和磁盘上将表直接删除。

考核评价

评价内容	按要求 完成任务情况(60分)	自我评定(20分)	同学评定(20分)
得分			
合计			

巩固训练

1. 用SQL语句完成下列操作：查询项目的项目号、项目名和项目使用的零件号、零件名称，查询结果按项目号降序、零件号升序排列，并存放于表item_temp中，同时将使用的SQL语句存储于新建的文本文件item.txt中。

2. 用SQL语句对自由表“教师”完成下列操作：将职称为“教授”的教师新工资一项设置为原工资的120%，其他教师的新工资与原工资相同；插入一条新记录，该教师的信息为：姓名为林红，职称为讲师，原工资10 000，新工资10 200，同时将使用的SQL语句存储于新建的文本文件teacher.txt中（两条更新语句，一条插入语句，按顺序每条语句占一行）。

3. 巩固训练4文件夹下3中有“student”（学生）、“course”（课程）和“score”（选课成绩）3个表，利用SQL语句完成如下操作：

（1）查询每门课程的最高分，要求得到的信息包括“课程名称”和“分数”，将查询结果存储到max表中（字段名是“课程名称”和“分数”），并将相应的SQL语句存储到命令文件one.prg中。

（2）查询成绩不及格的课程，将查询的课程名称存入文本文件new.txt，并将相应的SQL语句存储到命令文件two.prg。

项目5 报表设计

学习目标

知识目标

1. 掌握使用报表向导创建报表的方法；
2. 掌握报表与标签的创建、预览和打印方法；
3. 掌握报表控件工具栏中每个控件的使用方法。

技能目标

1. 会使用报表向导创建报表，并进行修改；
2. 会使用报表设计器创建报表，并进行修改。

素质目标

1. 培养学生爱国、爱岗、敬业、诚实、守信、高效、协作、精益求精等职业道德与素质；
2. 培养学生严谨细致、爱岗敬业的精神；
3. 培养学生的审美观念。

任务5-1 报表的创建

工作任务

①使用报表向导创建报表，报表中包括学生基本情况.dbf的所有字段，按奖学金字段升序排列，按学号进行分组，选择账务式，报表标题设置为“学生基本情况表”，报表文件名为“学生基本情况表”。

②使用一对多报表向导建立报表。要求：父表为stock_name，子表为stock_s1，从父表中选择字段“股票简称”；从子表中选择全部字段；两个表通过“股票代码”建立联系；按股票代码升序排列；报表标题为“股票持有情况”；生成的报表文件名为“stock_report”。

任务实施

文件→新建→报表→向导→字段的选取→分组→报表样式选择→定义报表布局→排序→

完成。

知识链接

在创建报表之前，首先应确定报表的类型，通常包括以下几种：

列报表：每行一条记录，每条记录的字段在页面上按水平方向放置，如分组/总结报表、财务报表。

行报表：每列一条记录，每条记录的字段在一侧竖直放置，如列表。

一对多报表：一条记录对应多行或列，如发票和账目。

多栏报表：多栏式记录，每条记录的字段沿左边缘竖直放置，如电话号码簿。

标签：多列记录，每条记录的字段沿左边缘竖直放置，打印在特殊纸上，如邮件标签。

Visual FoxPro 为用户提供了 3 种方法来创建报表布局：用报表向导创建报表；用快速报表功能创建报表；用报表设计器创建和修改报表。

利用报表向导可以直观、方便地创建报表；使用快速报表功能则可以迅速地创建报表。创建报表时常常先使用报表向导或快速报表功能把一张表的所有字段或部分字段快速添加到报表，然后利用报表设计器进一步完善。这样，可以使报表的创建过程更加快捷、方便。

1. 使用报表向导创建报表

1）启动“向导”

启动“向导”的方法有以下 3 种：一是执行“文件”菜单中的“新建”命令或单击常用工具栏上的“新建”按钮，出现“新建”对话框，在“文件类型”中选择“报表”选项，再点击“向导”按钮；二是在项目管理器中选择“文档”选项卡中的“表单”项，点击“新建”按钮，再点击“报表向导”按钮；三是在“工具”菜单的“向导”子菜单中选择“报表”，此时，屏幕上会出现“向导选取”对话框，以便用户决定创建报表还是一对多报表，如图 5-1 所示，单击确定即可。

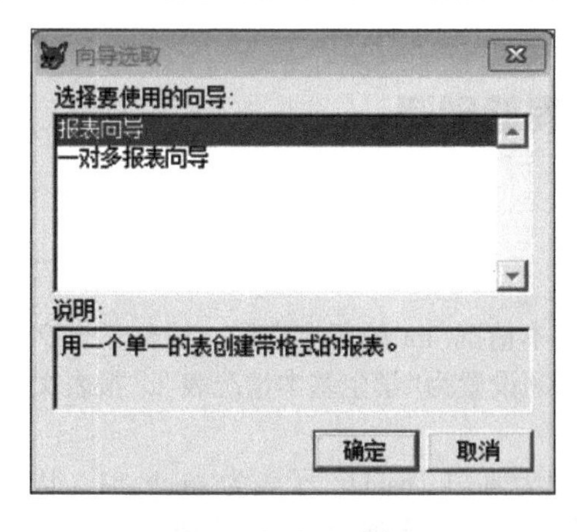

图 5-1　报表向导选取

2）字段选取

选择在报表中输出的字段。首先，在“数据库和表”列表框中选择报表的数据源，此处为“学生基本情况表”，然后选择所需字段，此处为所有字段。单击“下一步”按钮。

3）分组记录

在对话框中选择分组方式，最多可以选择 3 级分组，此处选择“学号”字段。单击“下一步”按钮。

4）选择报表样式为账务式

选择报表样式为账务式，单击“下一步”按钮。

5）定义报表布局

可以通过“列数”“字段布局”和“方向”的设置来定义报表的布局。其中，“列数”定义报表的分栏数；“字段布局”指定报表是列报表还是行报表；“方向”定义报表在打印纸上的打印方向是横向还是纵向。单击“下一步”按钮。

需要注意的是，如果设置了记录分组，这里的“列数”和“字段布局”将不可用。

6）排序记录

选择按成绩从低到高（即升序）进行排序。最多可以设置 3 个排序字段。单击“下一步”按钮。

7）完成

可以在这一步设置报表的标题，在离开向导之前预览报表，以及选择退出向导的方式。创建报表的运行结果如图 5-2 所示。

学生基本情况表

学号	姓名	院系	性别	出生年月日	英语	计算机	奖学金	党员否	备注
97410025									
	李和	法学院	男	12/10/78	65.0	64.0	58.5	N	该生是吃苦耐劳型
98401012									
	王维国	哲学院	男	10/26/79	63.0	86.0	55.5	N	
98402006									
	彭德强	文学院	男	01/01/79	70.0	78.0	63.5	N	
98402017									
	赖伟欣	文学院	男	12/18/79	47.0	52.0	48.5	N	该生是班级的班长，品学兼优
98402019									
	刘遗平	文学院	女	01/19/80	52.0	78.0	53.5	N	
98402021									
	赵勇	文学院	男	11/11/79	70.0	75.0	55.5	Y	
98404006									
	刘向阳	西语学院	女	02/04/80	67.0	84.0	56.5	N	
98404062									
	文翔	西语学院	男	10/01/80	61.0	67.0	55.5	N	该生在班级组织能力较强
98410012									
	徐楠	法学院	女	07/07/80	63.0	78.0	58.5	N	
98410101									
	邓宇豪	法学院	男	02/23/20	75.0	67.0	58.5	N	

图 5-2　学生基本情况报表

提示："一对多报表向导"的创建步骤与上述类似，只是在"字段选取"中，需要从父表和子表中选取所需字段，还要选择决定两个表之间关系的字段。

2. 建立快速报表

①在"项目管理器"的"文档"选项卡中选择"报表"，单击"新建"按钮，进入"新建报表"对话框，单击"新建报表"按钮，进入"报表设计器"。

此步骤也可以用命令完成，方法是在"命令"窗口中输入 CREAT REPORT。

②选择"报表"→"快速报表"菜单命令，在"打开"对话框中选择要使用的表。单击"确定"按钮后，出现"快速报表"对话框，如图 5-3 所示。

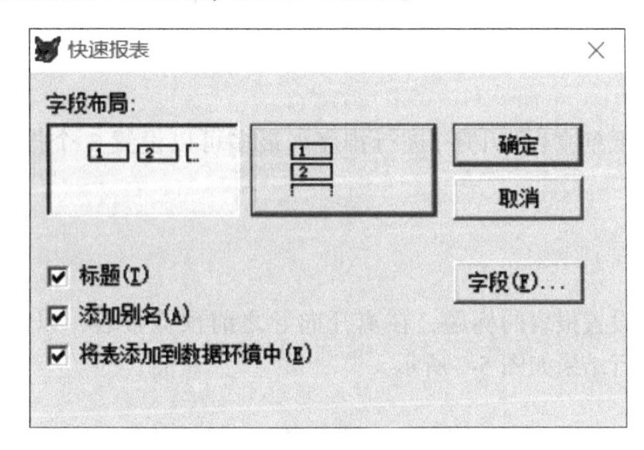

图 5-3　快速报表对话框

"字段布局"：有两种，左边的是列布局，它使字段在页面上从左到右排列；右边的是行布局，它使字段在页面上从上到下排列。

"标题"复选框：决定是否将字段名作为"标签"控件添加到报表的数据环境中。

"添加别名"复选框：指定是否为字段添加别名。

"将表添加到数据环境中"复选框：指定是否将表添加到报表的数据环境中。

"字段"按钮：用于打开"字段选择器"对话框，可以选择报表中所需的字段。如果不做选择，则会输出表中的所有字段。

③选择相关选项后，单击"确定"按钮返回"报表设计器"。此时，"报表设计器"显示报表的布局。单击工具栏中的"打印预览"按钮，可以预览报表的结果。

考核评价

评价内容	按要求 完成任务情况(60 分)	自我评定(20 分)	同学评定(20 分)
得分			
合计			

任务 5-2 使用报表设计器创建报表

工作任务

以学生基本情况表为数据源，输出学生的学号、姓名、性别、院系和奖学金 5 个字段内容，给生成的报表文件取名为“奖学金发放情况.frx”，报表预览结果如图 5-4 所示。

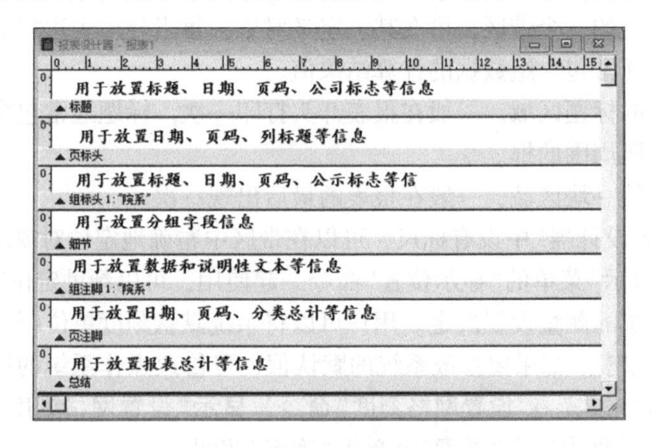

图 5-4 “报表设计器”窗口

任务实施

文件→新建→报表→数据环境→添加标题→添加字段→细节→完成。

知识链接

用户可以使用报表设计器自行设计报表，在报表中添加标题、字段及控件，通过调整报表中的控件，达到美化报表的目的。使用报表设计器新建报表的方法有以下 3 种：一是在“项目管理器”中选择“文档”下的“报表”项目，单击“新建”按钮，选择“新建文件”按钮；二是使用“文件”菜单中的“新建”项或常用工具栏的“新建”按钮，选择“报表”单选框，按“新建文件”按钮；三是使用 CREATE REPORT 命令。

1. 报表设计器的组成

“报表设计器”窗口中的空白区域称为带区，报表布局中默认有 3 个基本带区：页标头、细节和页注脚。

页标头：在每一页报表的上方，常用来放置字段名称和日期等信息。

细节：报表的内容，如“每条记录打印一次”。

页注脚：在每一页报表的下方，常用来放置页码和日期等信息。

分隔符栏位于每带区的底部。带区名称显示在靠近箭头的栏，蓝箭头指示该带区位于栏之上，而不是之下。除此之外，还可以给报表添加以下带区：

列标头：在“报表设计器”窗口中的一个带区，所包含的信息在每份报表中只出现一次。一般来讲，出现在报表标头中的项包括报表标题、栏标题和当前日期。

列注脚：在“报表设计器”窗口中的一个带区，所包含的信息在每份报表中只出现一次。一般包含出现在页面底部的一些信息，如页码、节等。

组标头：报表上的一个带区，可在其上定义对象，每当分组表达式的值改变时，打印此对象。组标头通常包含一些说明后续数据的信息，即数据前面的文本。

组注脚：报表上的一个带区，可在其上定义对象，每当分组表达式的值改变时，可打印此对象。组注脚通常包含组数据的计算结果值。

标题：报表中的标题区域。一般在报表开头打印一次。标题通常包含标题、日期或页码、公司徽标、标题周围的框。

总结：报表中的一块区域，一般在报表的最后出现一次。

另外，在“报表设计器”中设有标尺，可以在带区中精确地定位对象的垂直位置和水平位置。把标尺和“显示”菜单的“显示位置”命令一起使用，可以帮助定位对象。

标尺刻度由系统的测量设置决定。用户可以将系统默认刻度单位(英寸或厘米)改变为 Visual FoxPro 中的像素。如果要修改系统的默认值，可修改操作系统的测量设置，具体方法如下：选择菜单“格式”→“设置网格刻度”命令，显示“设置网格刻度”对话框。然后在“设置网格刻度”对话框中选定“像素”并单击“确定”按钮。

标尺的刻度单位可以设置为像素，状态栏中的位置指示器(如果在“显示”菜单上选中了“显示位置”命令)也以像素为单位显示。

可以先利用报表设计器方式创建一个空白报表，以后再对这个报表进行修改以满足实际需要。

2. 修改报表布局

利用前面介绍的两种方法创建的报表文件，既可能是空白报表，也可能是布局很简单的报表。要想得到满意的报表，还需要在报表设计器中进行修改，设置报表的数据源，更改布局，添加控件或设计数据分组。

1）规划数据的位置

使用“报表设计器”内的带区，可以控制数据在页面上的打印位置。报表布局可以有几个带区。应规划好报表中可能包含的一些带区以及每个带区的内容。注意，每个带区下的栏标识了该带区。如图 5-4 所示，已经给出了“报表设计器”窗口中可能出现的各种带区，以及每种带区放置的典型内容。报表中要用的数据以及各数据在报表的什么位置显示和打印，需要做精心的安排。将数据对象放在报表的不同带区，会有不同的显示结果。例如，将某数据对象放置在“标题”带区中，则此数据在本报表的打印结果中只会出现一次；若放置在报表的“细节”带区中，则打印的每条记录中都会出现此数据。

2）调整报表带区的大小和布局

调整报表布局是对放置在各带区中的控件的位置和大小进行调整。

在“报表设计器”中，可以修改每个带区的大小和特征。方法是用鼠标左键按住相应的隔符栏，将带区栏拖动到适当高度。

使用左侧标尺作为指导。标尺量度仅指带区高度，不表示页边距。然后可以使用“报表设计器”的任一功能添加控件和定制报表。

注意：不能使带区高度小于布局中控件的高度。可以把控件移进带区，减少带区高度。

(1)位置调整

一种方法是选中需要调整位置的控件后进行拖放。为了准确地定位，调整前先将“显示”菜单下的“网络线”和“显示位置”打开，这样，拖动操作就有了直观的参考坐标，并在下边的状态栏显示准确位置。另一种更快速、有效的方法是使用“布局”工具栏所提供的各种布局命令。单击“报表设计器”工具栏中的“布局工具栏”按钮，弹出“布局”工具栏。

(2)大小调整

使用鼠标单击所选控件(对象)，既可以通过拖动其缩放点来调整大小，也可以双击带区标识栏，在弹出对话柜中直接调整带区的高度，在“页标头”对话框中，选择“带区高度保持不变”复选框，可防止带区的移动。可设置“入口处”和“出口处”的运行表达式，它们分别在打印该带区的内容之前和之后计算。

3）设置报表数据源

设计报表时，必须首先确定报表的数据源，可以在数据环境中简单地定义报表的数据源，用它们来填充报表中的控件。打开数据环境后可以在运行报表时打开表或者视图，基于相关表或视图收集报表所需数据集合，并在关闭或释放报表时关闭表。可以添加表或视图，并使用一个表或视图的索引来对数据进行排序。

利用“报表设计器”设计的空白报表设置报表数据源的步骤如下：

①打开报表文件。可以使用以下命令打开报表文件：MODIFY REPORT<报表文件名>。

②单击“报表设计器”工具栏中的“数据环境”按钮，出现“数据环境设计器”窗口，如图5-5所示。

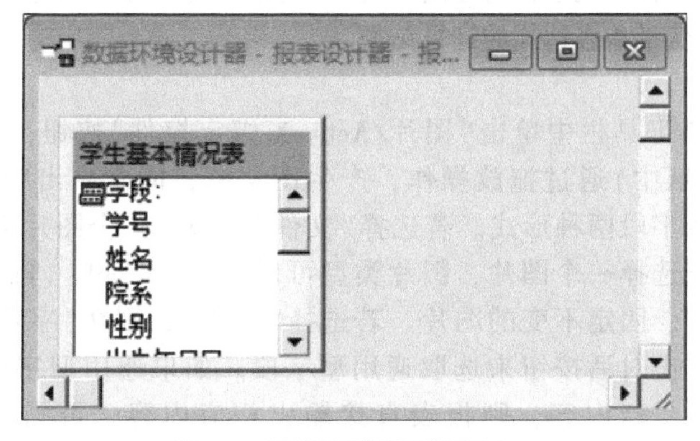

图5-5 数据环境设计器窗口

③选择执行系统菜单中的“数据环境”→“添加”命令，弹出“添加表或视图”对话框，从中选择作为数据源的表或视图，单击“关闭”按钮。

4）增添报表控件

在“报表表设计器”的带区中，可以插入“报表控件”工具栏中的各种控件，如域控件、标签、线条、矩形、圆角矩形和图片/ActiveX 绑定控件等，每种控件有着不同的应用场合。报表中的域控件可以表示某一字段、变量和计算结果，还可以将几个字段连接成一个域表达式。为了增强报表的可读性和视觉效果，可以添加直线、矩形、圆角矩形及图片/ActiveX 控件。

(1)标签控件

在报表中通常需要许多说明性文字、固定文本。此时可以用标签控件在报表中输入文字信息。标签控件在报表中的运用非常广泛，可以用于各个带区中表示说明性文字。

向报表中添加标签控件与添加其他控件不同，其操作方法为：在“报表控件”工具栏上单击“标签”控件按钮，在需要插入文本的位置(报表的某带区中)单击，输入文本内容，再在其他区域单击以结束该控件的标签输入。

(2)线条、矩形、圆角矩形

向报表中添加线条、矩形、圆角矩形控件时，其操作方法为：在“报表控件”工具栏上单击相应的控件按钮，在报表中通过鼠标的拖放操作产生大小合适的相应控件。对于各控件，双击该控件或点击快捷菜单中的“属性”后，弹出相应控件的对话框，可以设置各控件的样式等属性。

(3)域控件

域控件用于打印表、视图或查询中的字段、变量和表达式的计算结果。

利用数据环境或“报表控件”工具栏可以向报表中添加字段控件(也称为域控件)。当需要添加的字段控件的数据源为表或视图的字段时，可以从数据环境中直接将相应字段拖放到报表中。利用“报表控件”工具栏向报表中添加字段控件的操作方法为：在“报表控件”工具栏上单击“域控件”控件按钮。在需要插入控件的位置(报表的某带区中)通过拖放操作，定义控件的位置与大小，再在出现的“报表表达式”对话框中设置该控件需打印的内容，可以为字段、变量和表达式的计算结果。

(4)OLE 对象

在“报表控件”工具栏中单击“图片/ActiveX 绑定控件”按钮，在需要插入控件的位置(报表的某带区中)通过拖放操作，产生图文框，同时弹出“报表图片”对话框。图片来源有文件或字段两种形式。若选择“文件”，输入一个图片文件的位置和名称，或单击对话按钮来选择一个图片，图片类型可以为.jpg、. gif、. bmp、. ico 文件类型，这些图片是静态的、固定不变的图片。若选择“字段”，则在“字段”框中输入通用型字段的名称，或单击对话按钮来选取通用型字段。如果通用型字段包含的内容是图片、图表或 Word 文档内容，则报表直接输出相应内容。否则输出代表此对象的图标。

3. 预览和打印报表

1）页面设置

打印报表之前，应考虑页面的外观，如页边距、纸张类型等。通过页面设置可以定义报表列数，即确定页面中横向打印的记录的数目，以达到设计多栏报表的目的，多栏情况下，可以设置打印顺序，另外还可以设置左页边距、纸张大小及方向，以调整报表页面的外观。

(1) 设置左页边距

若要设置左页边距，需要从“文件”菜单中选择“页面设置”命令，弹出“页面设置”对话框，在“左页边距”框中输入一个边距数值。如果报表中有多列，当更改左边距时，列宽将自动更改调节新边距，页面布局将按新的页边距显示。

(2) 设置纸张大小和方向

可更改纸张大小和方向设置，以确保方向与所选纸张大小正确匹配。若要进行纸张大小和方向的设置，按以下步骤进行：

①在“文件”菜单中，选择“页面设置”命令。

②在“页面设置”对话框中，单击“打印设置”按钮，出现“打印设置”对话框。

③在“打印设置”对话框中，从“大小”下拉列表中选定纸张大小。

④在“方向”区域框下，选择纸张布局方向，按“确定”按钮，返回“页面设置”。

2）打印预览

输出报表时，若报表未在数据环境中设置相应的数据源，则在输出报表之前必须使用USE TABLE/USE VIEW/DO QUERY/SELECT-SQL命令，打开相关的数据源。若当前工作区未打开相应数据源，则显示“打开”对话框，要求用户选择相应的数据表进行报表输出处理。

通过预览报表，不用真正打印就能看到报表的输出效果，这样可以及时检查报表设计是否达到预期的效果。若要预览报表输出效果，可以在“显示”菜单中或“常用”工具栏中选择“预览”，或者在“文件”菜单中选择“打印预览”命令。在预览报表状态下，“预览”窗口有相应的“打印预览”工具栏。利用“打印预览”工具栏的按钮可以切换报表页面、缩放报表大小、退出预览状态，还可以直接打印输出到打印机。

3）打印报表

若要打印报表，在报表设计器环境下可以利用“报表”菜单中的“运行报表”命令，或从“文件”菜单中选择“打印”，系统将打开“打印”对话框。通常，按“确定”按钮即可在打印机上输出报表。

若需要对打印内容进行适当控制，可以按“打印”对话框中的“选项”按钮打开“打印选项”对话框，再在“类型”框中选定“报表”，在“文件”框中输入报表名，利用“打印选项”

对话框中的“选项”按钮打开“报表与标签打印选项”对话框。通过对这 3 个对话框进行设置，可以选择报表或报表中打印的记录。

此外，在命令窗口中，利用 REPORT 命令可以预览或打印报表。该命令的格式如下：

REPORT FORM 报表文件名[范围][FOR 条件表达式 1][WHILE 条件表达式 2][PREVIEW][TO PRINTER | TO FILE 文本文件名]

考核评价

评价内容	按要求 完成任务情况(60 分)	自我评定(20 分)	同学评定(20 分)
得分			
合计			

巩固训练

在巩固训练 5 文件夹中有一个数据库 stsc，其中有数据库表 student，请完成以下操作：

1. 使用报表向导制作一个名为 p1 的报表，存放在巩固训练 5 文件夹中。要求：选择 student 表中的所有字段，报表样式为经营式。报表布局：列数为 1，方向为纵向，字段布局为列；排序字段选择学号(升序)；报表标题为“学生基本情况一览表”。

2. 使用一对多报表向导制作一个名为 CJB 的报表，存放在巩固训练 5 文件夹中。要求：从父表 student 中选择学号和姓名字段，从子表 score 中选择课程号和成绩，排序字段选择学号(升序)，报表式样为简报式，方向为纵向；报表标题为“学生成绩表”。

项目6 表单创建

学习目标

知识目标

1. 掌握使用表单向导创建单个表单的方法；
2. 掌握使用一对多表单向导创建表单的方法；
3. 掌握表单设计器的使用方法；
4. 掌握常用表单控件的使用方法；
5. 掌握设置表单数据环境的方法；
6. 掌握表单的常用属性及编写简单事件代码的方法。

技能目标

会根据要求创建各种表单，并对表单控件编写相应的代码。

素质目标

1. 培养学生爱国、爱岗、敬业、诚实、守信、高效、协作、精益求精等职业道德与素质；
2. 培养学生工匠精神；
3. 培养学生发现问题、解决问题的能力。

任务6-1 表单的创建

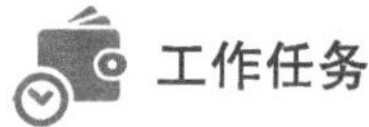

工作任务

使用“学生基本情况.dbf”，通过表单向导建立学生基本信息表单。

任务实施

文件→新建→表单向导→确定→字段的选取→选择表单样式→排序次序→完成。

知识链接

在 Visual FoxPro 中，创建表单的方法有 3 种：使用表单向导创建表单；使用表单设计器创建或修改表单；利用命令创建表单，命令格式为：CREATE FORM [<表单名>]。下面介绍使用表单向导创建表单的相关内容。

1. 使用表单向导创建单个表单

1）启动“向导”

启动“向导”的方法有以下 3 种：

①执行“文件”菜单中的“新建”命令或单击常用工具栏上的“新建”按钮，出现“新建”对话框，在“文件类型”中选择“表单”选项，再点击“向导”按钮。

②在项目管理器中选择“文档”选项卡中的“表单”项，点击“新建”按钮后，点击“表单向导”按钮。

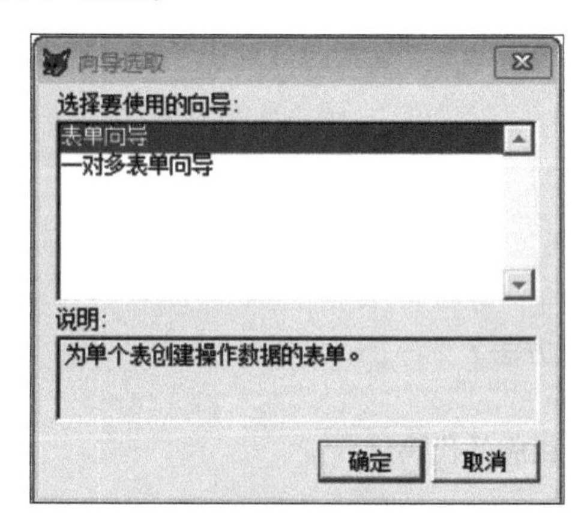

图 6-1　表单向导选取

③在“工具”菜单的“向导”子菜单中选择“表单”。此时，屏幕上会出现“向导选取”对话框，以便用户决定创建单表表单还是一对多表单，如图 6-1 所示。单击确定即可使用向导创建表单。

2）字段选取

在对话框中选择表单所基于的“使用学生基本情况表”，如果当前有数据库文件打开，系统将自动显示该数据库中的表。否则应点击“…”按钮，启动“打开”对话框，从中选择表，在“可用字段”列表框中选择所需的字段。如果希望表中的字段全部显示在表单中，在选择表后应点击双箭头按钮。字段选取结束后，单击“下一步”按钮。

3）选择表单样式

选择表单的样式为“标准式”，向导将在放大镜中显示该样式的示例。设置按钮类型为“文本按钮”。按钮类型用于设定表单上定位按钮的外观。再单击“下一步”按钮。

4）排序记录

选择“出生年月”字段为记录输出的排序字段，并设置为降序，单击“下一步”按钮。

5）完成

输入表单的标题“学生基本情况表”，设置保存表单后的工作方式为“保存并运行”。点击“预览”按钮可预览表单生成的效果，如不满意可逐步返回重新设置。点击“完成”按钮后，系统将打开“另存为”对话框供用户保存表单。保存后系统自动生成表单文件和表单备注文件。

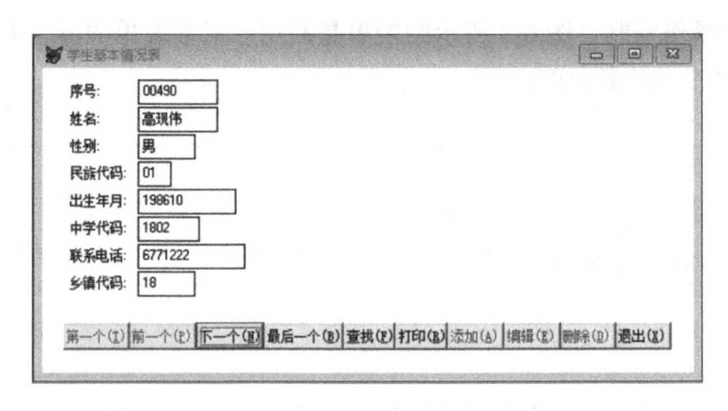

图 6-2 学生基本情况表单

创建表单的运行结果如图 6-2 所示。

2. 利用表单向导创建一对多表单

一对多表单向导可以创建一个用于操作两张相关表中数据的表单。在一对多表单中，显示父表数据的同时以表格控件显示相关的子表数据。利用一对多表单向导创建表单的操作步骤如下：

①选择一对多关系中的父表，然后从父表中选定字段。

②选择一对多关系中的子表，然后从子表中选定字段。

③确定表之间的关系，即选取建立关系的匹配字段(如果两张表为数据库表且具有永久性关系，在向导中系统会自动默认永久关系)。

④选择表单的样式与按钮类型。

⑤确定排序次序，即按照记录的排序选择字段。

⑥输入表单标题后，可以选择“预览”运行并查看表单。选择“完成”按钮后，系统要求用户在“另存为”对话框中输入表单的文件名。表单保存后自动生成表单文件和表单备注文件。表单保存之后，可以像其他表单一样，在“表单设计器”窗口中打开并进行修改。对于一对多表单，由于父表的每个记录对应于子表中的多个记录，所以表单运行时，父表在表单中每次显示一个记录的(部分字段)数据，子表的相关数据在表单中利用表格控件以浏览窗口的形式显示。在一对多表单中，用于记录定位的按钮只对父表产生控制，子表记录

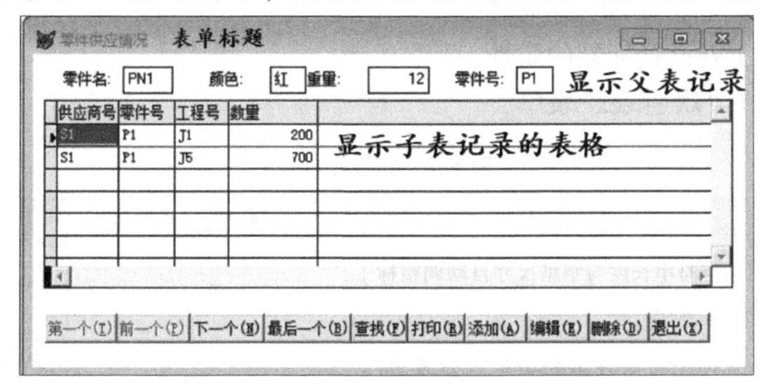

图 6-3 利用表单向导创建一对多表单

可通过子表窗口操作控制。图6-3所示的表单是利用一对多表单向导，基于零件(父表)和供应(子表)创建的一对多表单。

考核评价

评价内容	按要求 完成任务情况(60分)	自我评定(20分)	同学评定(20分)
得分			
合计			

任务6-2 使用表单设计器创建表单

工作任务

新建一个名为“欢迎.scx”的表单，如图6-4、图6-5所示。

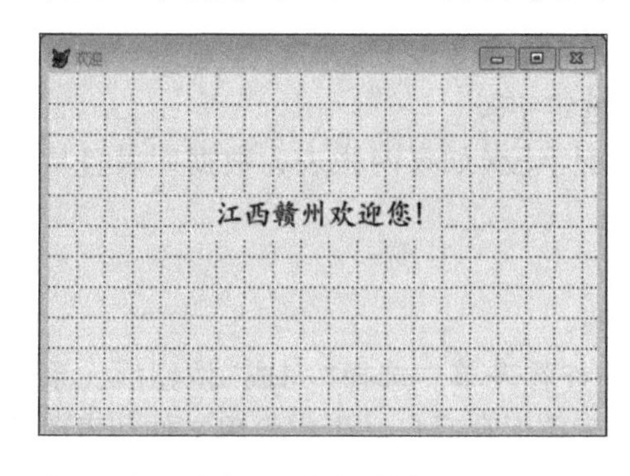

图6-4 界面设计

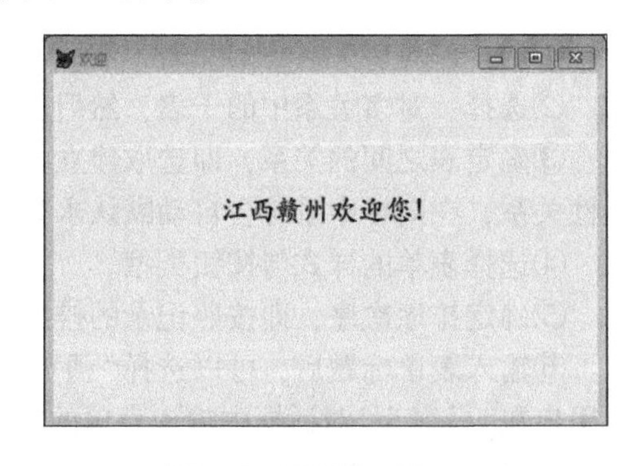

图6-5 程序运行界面

任务实施

①建立窗体界面，添加一个标签。

②按表6-1所列设置标签的属性。

③保存并运行“欢迎.scx”表单。

表6-1 标签控件属性

属性	功能说明	本例中设置的值	说明
AutoSize	可随字符串长度与字型尺寸自动调整标签对象大小	.T.	
BackStyle	设置标签对象背景类型是否为透明，0——透明，1——不透明	1——不透明	设置为不透明，可将背景颜色显示出来

（续）

属性	功能说明	本例中设置的值	说明
FontSize	字形尺寸	14	
FontName	标签文本字体	华文楷体	
Caption	标签文本要显示的内容	江西赣州欢迎您！	

知识链接

1. 使用表单设计器创建表单

使用表单设计器创建表单有两种方法：一是使用系统菜单或工具栏；二是直接在"命令"窗口中输入交互式命令。

1）利用系统菜单或工具栏启动"表单设计器"

具体操作步骤如下：

①单击"文件"菜单中的"新建"命令(或者单击工具栏中的"新建"按钮)。

②在弹出的"新建"对话框中选择"表单"，单击"新建"按钮，将出现"表单设计器"操作界面。

2）利用交互式命令启动"表单设计器"

格式：CREATE FORM [<表单名>]

功能：启动"表单设计器"，创建一个新表单。

说明：<表单名>是用户指定的表单文件名，实际上形成的是以".scx"为扩展名的数据文件和以".sct"为扩展名的备注文件，两个文件共同保存有关表单的全部信息。

2. 设置表单的基本属性、 事件和方法

要改变表单的某些特性，需要设置表单的相应属性；要实现表单某些特定的行为功能，需要在表单的相应事件中调用相关的方法程序或编写事件代码。在进行表单设计之前，了解有关表单的基本属性、事件和方法是很有必要的。

1）常用的表单属性

常用的表单属性有100多个，在设计表单时，系统会自动使用这些属性的默认值。绝大多数的表单属性很少用到，表6-2列出了常用的表单属性，这些属性规定了表单的外观和行为，经常在设计阶段使用。

表 6-2　常用表单属性

属性	描　述
AutoSize	初始化时，是否让表单自动在 Visual FoxPro 窗口中居中
BackStyle	设置标签对象背景类型是否为透明，0——透明，1——不透明
Caption	指定对象的标题
Name	指定对象的名字
Value	指定控件的当前状态
ForeColor	指定对象的前景色
BackColor	指定对象的背景色
BoderStyle	指定对象边框的样式
FontSize	指定文本显示的字体大小
FontName	指定显示文本的字体名
MaxButton	是否具有最大化按钮

2）表单的常用事件

事件是描述表单的动态行为，它是由系统预先定义好的，由用户或系统发出动作，用对象来识别，用户可编程对此进行响应。表单的常用事件见表 6-3 所列。

表 6-3　常用表单事件

事件	触发时机
Load	创建对象前
Unload	释放对象时
Init	创建对象时
Activate	对象激活时
Destroy	释放对象时在 Unload 前触发
Error	对象方法或文件代码产生错误时
GetFocus	对象获得焦点时
LostFocus	对象失去焦点时
Click	用左键单击对象时
Dblclick	用左键双击对象时
RightClick	用右键单击对象时

3）表单的常用方法

方法是与对象相关的过程，是对象能执行的操作。方法分为两种：一种为内部方法；另一种为用户自定义方法。内部方法是 Visual FoxPro 预先定义好的方法，供用户使用或修改后使用。

(1) Release 方法

将表单从内存中释放(清除)。例如，表单有一个命令按钮，希望单击该按钮时关闭表单，就可以将该命令按钮的 Click 事件代码设置为：ThisForm. Release。

(2) Refresh 方法

重新绘制表单或控件，并刷新它的所有值。当表单被刷新时，表单上的所有控件也都被刷新。当页框被刷新时，只有活动页被刷新。

(3) Show 方法

显示表单。该方法将表单的 Visible 属性设置为 . T. ，并使表单成为活动对象。

(4) Hide 方法

隐藏表单。该方法将表单的 Visible 属性设置为 . F. 。

(5) SetFocus 方法

让控件获得焦点，使其成为活动对象。如果一个控件的 Enabled 属性值或 Visible 属性值为 .F.，将不能获得焦点。

(6) CLS 方法

清除表单中的图像和文本。

(7) Print 方法

在表单对象上显示一个字符串。

4）表单属性、事件和方法的设置

表单的属性、事件和方法可以通过“表单设计器”的“属性”窗口和代码编辑窗口进行设置。

(1) 表单属性设置

表单属性的设置方法有以下 3 种：

①通过“属性”窗口进行设置　这是一种静态设置。在表单设计时，属性已设置。

②以代码方式设置属性　这是一种动态设置。在表单的事件代码中设置相关属性，在表单运行时，再设置(或改变)属性值。例如，在 Init 事件代码中写入：This.Backcolor = RGB(0,0,255)，就可在表单运行时，将背景色改为蓝色。

③鼠标拖动设置　对于表单的 Hight(高度)和 Width(宽度)属性，可以通过鼠标拖动的方式进行设置。当拖动表单的边框线改变表单的大小时，表单的高度和宽度属性值也会随之改变。

(2) 表单事件和方法设置

表单事件和方法主要通过在代码编辑窗口中选择相应的事件和方法进行设置。

3. 表单的数据环境

表单的数据环境用于保存运行表单时所需要的一个或多个表以及表之间的关系。某个表只有包含在表单的数据环境中，它的字段及相关的内容才能在表单里显示和编辑。当运行表单时，数据环境能够自动打开和关闭表。

对于使用向导创建的表单，从操作过程上看并没有直接地设置表单的数据环境，但根据向导提示选择字段(含选择数据库/表)、确定一对多关系(对一对多表单向导而言)，就是设置表单的数据环境的过程。

数据环境是为表单提供数据但又独立于表单的一个对象。表单的数据环境包含与表单交互作用的表和视图，以及表与表之间的关系。在数据环境设计器中，可以可视化地查看、设置和修改数据环境，并将它和表单一起保存。

1）数据环境设计器

打开“数据环境设计器”的方法有以下 3 种：

①启动表单设计器后，执行“显示”菜单中的“数据环境”命令。

②从表单(集)的快捷菜单中选择“数据环境”命令。

③单击“表单设计器”工具栏上的“数据环境”按钮。

2）向数据环境中添加表或视图

打开“数据环境设计器”后执行“数据环境”菜单中的“添加”命令，或从快捷菜单中选择“添加”命令，在随后出现的“添加表或视图”对话框中选择一张表或视图，点击“添加”按钮。用户也可以将表或视图直接从项目管理器中拖放到“数据环境设计器”中。

用户还可通过执行“数据环境”菜单中的“移去”命令从数据环境中移除表或视图。在移去的同时，与该表或视图有关的所有关系也将一同移去。

3）在数据环境中设置关系

如果添加到“数据环境设计器”中的两个表之间具有在数据库中设置的永久关系，这些关系将自动添加到数据环境中。如果表中没有永久关系，则可通过将字段从主表拖动到相关子表中相匹配的索引标识或字段上来设置这些关系。如果和主表中的字段对应的相关表中没有索引标识，系统将提示用户是否创建索引标识。

在“数据环境设计器”中设置了一个关系后，在表之间将有一条连线指明这个关系。

考核评价

评价内容	按要求 完成任务情况(60分)	自我评定(20分)	同学评定(20分)
得分			
合计			

任务6-3 表单与常用控件的设计

工作任务1

输入一个圆的半径，计算圆的面积，如图6-6所示。

任务实施1

①新建一个名为圆的“面积.scx”的空白表单。表单中有两个标签、两个文本框、两个命令按钮。

②设置属性，见表6-4至表6-7所列。

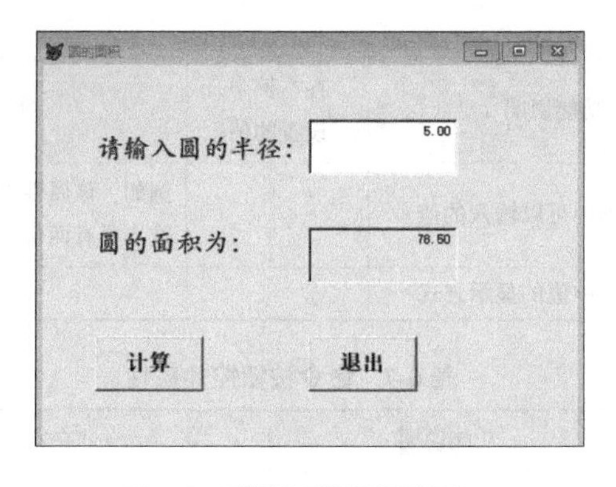

图 6-6 圆的面积运行界面

表 6-4 表单的属性设置

属性	功能说明	本例中设置的值
AutoSize	设置表单运行后居中	.T.
Caption	标签文本要显示的内容	圆的面积
BackColor	背景色	240，240，239
FontName	标签文本字体	宋体

表 6-5 标签控件属性

属性	功能说明	本例中设置的值	说　明
AutoSize	可随字符串长度与字型尺寸自动调整标签对象大小	.T.	
BackStyle	设置标签对象背景类型为透明	0——透明 1——不透明	设置为透明，可将背景颜色显示出来
Caption1	标签文本要显示的内容	请输入圆的半径：	
Caption2		圆的面积为：	
FontSize	字的大小	12	
FontName	标签文本字体	宋体	

表 6-6 文本框控件属性

属性	功能说明	在本例中设置的值	说　明
BackStyle	设置文本框对象背景类型为透明	0——透明	
IntegralHeight	指定控件是否自动重新调整对象高度	.T.	设置为透明，可将背景颜色显示出来
Value	文本框当前编辑的文本内容	0.0	
ImeMode	启动中文输入法	0	设置 1 时启动中文输入法
PasswordChar	指定文本框内是显示文字还是占位符	*	如果设置为空白则显示文本；如果指定字符，则文本框的内容被该字符代替

（续）

属性	功能说明	在本例中设置的值	说　明
InputMask	设置文本框中可以输入的值		例如，该属性设置为 99 999.99，则可限制用户输入具有两位小数并小于 1 000 000 的数值
Format	设置文本框中值的显示方式		

表 6-7　命令按钮控件属性

属性	功能说明	在本例中设置的值	说　明
AutoSize	可随字符串长度与字型尺寸自动调整标签对象大小	.T.	
FontSize	字的大小	12	
FontName	命令按钮字体	黑体	
Command1	Caption	计算	
Command2	Caption	退出	

③编写代码。“计算”命令按钮 Command1 的 Click 事件代码：

```
R=thisform.text1.value
Thisform.text2.value=3.14*R*R
```

“退出”命令按钮 Command2 的 Click 事件代码：

```
Thisform.release
```

④保存并运行表单。

工作任务 2

创建表单登录密码设计，如图 6-7 所示。

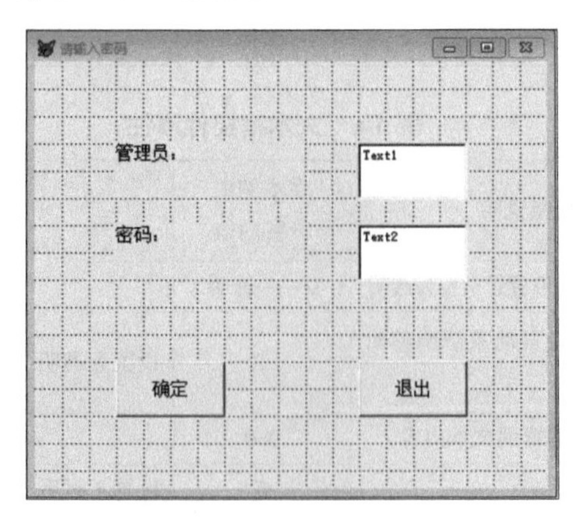

图 6-7　请输入密码界面

任务实施 2

①先创建一个窗体界面，另存为“登录密码.scx”的空白表单，从表单控件里分别添加两个标签、两个文本框、两个命令按钮。

②设置控件属性，见表 6-8 所列。

表 6-8　控件属性

对象	属性名	属性值
Label1	Caption	管理员
Label2	Caption	密码
Text1	PasswordChar	*
Text2	PasswordChar	*
Command1	Caption	计算
Command2	Caption	退出
Form1	Caption	请输入密码

③编写代码。“确定”命令按钮 Command1 的 Click 事件代码：

```
if thisform.text1.value=thisform.text2.value
thisform.release
else
messagebox("输入错误,请重新输入",6+16+0,"提示信息")
endif
```

“退出”命令按钮 Command2 的 Click 事件代码：

```
thisform.release
```

④保存并运行表单。

工作任务 3

创建下列表框实例，如图 6-8、图 6-9 所示。

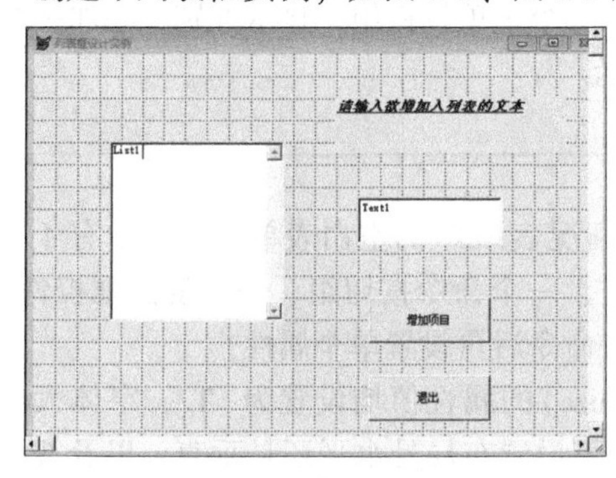

图 6-8　界面设计

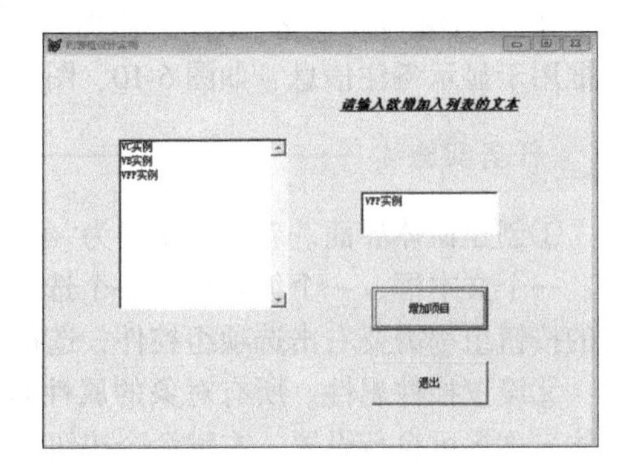

图 6-9　运行界面

任务实施 3

①窗体界面的创建。新建一个名为“列表框实例.scx”的空白表单。表单中有一个列表框、一个文本框、两个命令按钮。

②设置控件属性，见表 6-9 所列。

表 6-9　控件属性

属性	功能说明	本例中设置的值
Label1 的 Caption	标签显示的内容	请输入欲增加到列表的文本
ControlSource	指定与对象建立联系的数据源	
ColumnCount	列表框的列数	2
RowSource	列表中显示的值的来源	
ListIndex	在组合框或列表框控件中添加新的数据项的索引值	
AddItem	在组合框或列表框控件中添加新的数据项	
RemoveItem	在组合框或列表框中移去一个数据项	
Command1	Caption	增加项目
Command2	Caption	退出
Form1	Caption	列表框设计实例

③编写代码。“增加项目”命令按钮 Command1 的 Click 事件代码：

```
Thisform.list1.additem(thisform.text1.text)
```

“退出”命令按钮 Command2 的 Click 事件代码：

```
thisform.release
```

④保存并运行表单。

工作任务 4

在“学生基本情况表”表单中添加一个标签和一个选项按钮组，显示性别，添加一个编辑框用于显示备注信息，如图 6-10、图 6-11 所示。

任务实施 4

①创建窗体界面。新建一个名为“学生基本情况表.scx”的空白表单。表单中有 4 个标签、一个文本框、一个编辑框、一个选项按钮组、一个命令按钮组、一个复选框控件(所有的按钮组都需要右击选项组控件，选择“编辑”命令后再设置单个属性)。

②设置控件属性。所有对象的属性名(AutoSize)的属性值均设置为 .T.，字体大小及字体名称等可自行设置。右键命令按钮组生成器可设置布局是水平还是垂直，以及按钮组个数，见表 6-10 所列。

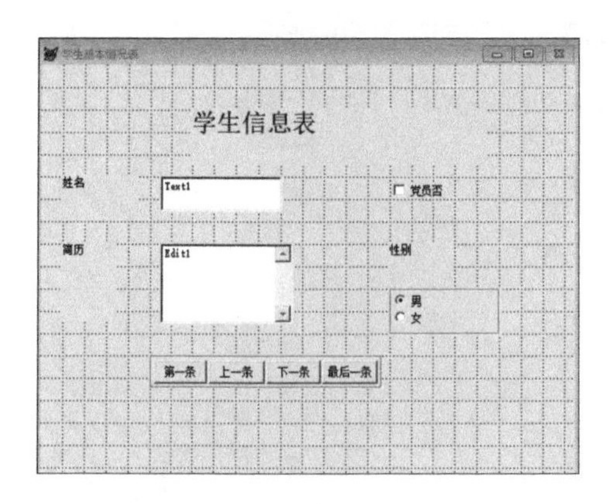

图 6-10 界面设计

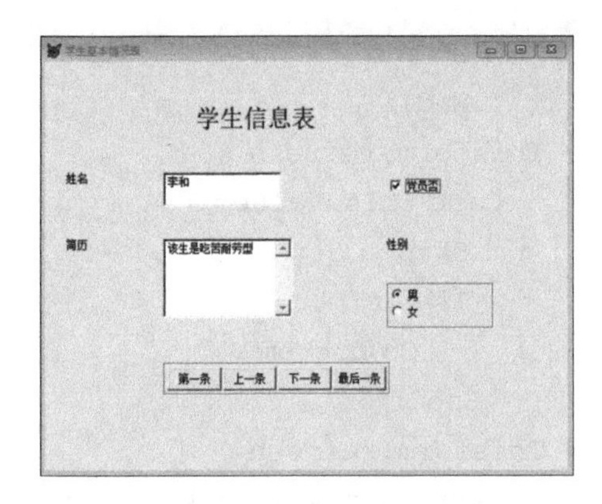

图 6-11 运行界面

表 6-10 控件属性

控件名称	对象	属性名	属性值
标签	Label1	Caption	学生信息表
标签	Label2	Caption	姓名
标签	Label3	Caption	简历
标签	Label4	Caption	性别
标签	Label1	AutoSize	.T.
文本框	Text1	ControlSource	学生基本情况表．姓名
表单	Form1	Caption	学生基本情况表
编辑框控件	Edit1	ControlSource	学生基本情况表．备注
选项按钮组	Optiongroup1	ButtonCount	2
选项按钮组	Option1	Caption	男
选项按钮组	Option2	Caption	女
选项按钮组	Optiongroup1	ControlSource	学生基本情况．性别
命令按钮组	Command1	Caption	第一条
命令按钮组	Command2	Caption	上一条
命令按钮组	Command3	Caption	下一条
命令按钮组	Command4	Caption	最后一条
复选框按钮	Check1	Caption	党员否
复选框按钮	Check1	ControlSource	学生基本情况．党员否

③编写代码。双击打开命令按钮组，打开“代码”窗口，输入命令按钮组对象。CommandGroup1 的 Click 事件代码如下：

```
Do case
  Case this.value=1
    Go top
Thisform.refresh
  Case this.value=2
    Skip=-1
    If bof()
```

```
        Go top
        Endif
    Thisform.refresh
      Case this.value=3
        Skip
        If eof()
           Go bottom
       Endif
    Thisform.refresh
      Case this.value=4
        Go bottom
    Thisform.refresh
    End case
```

④保存并运行表单。

工作任务 5

设计一个计时器控件。要求：1 个标签为当前时间，1 个计时器控件用于计时，1 个显示时间的文本框用来显示当前时间，另外有 1 个日历控件显示当前日期。

任务实施 5

(1)建立窗体界面

①新建窗体 time.scx 的空白表单。从表单工具栏中选择计时器和标签控件、文本框控件放到表单中，再选择 OLE 控件放到表单中，在随后弹出的“插入对象”对话框中选择“创建控件”单选按钮，从“对象类型”列表框中选择“日历控件 8.0”选项，如图 6-12 所示。

②单击“确定”按钮，完成后界面如图 6-13 所示。

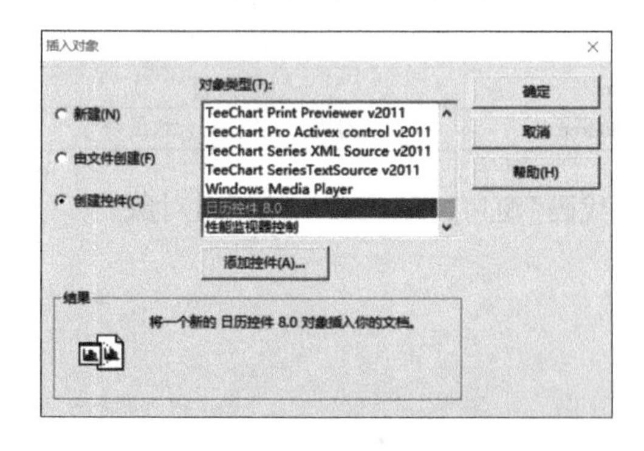

图 6-12 “插入对象”对话框

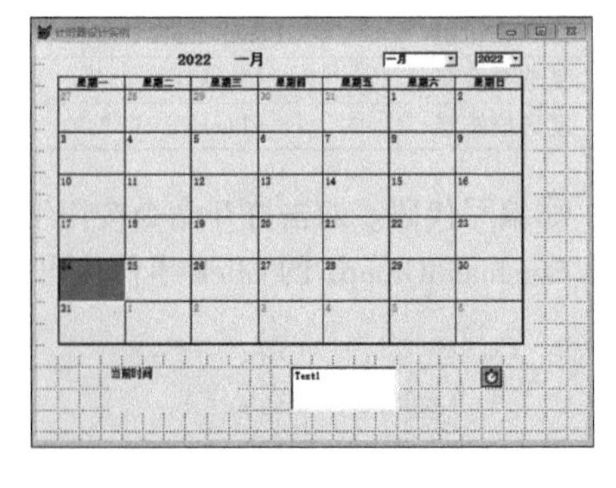

图 6-13 界面设计

(2)设置控件属性

日历显示采用 ActiveX OLE 控件，计时利用计时器控件，计时器允许按照指定的时间间隔执行操作和检查值(表 6-11)。

表 6-11 计时器控件属性

属性	功能说明	本例中设置的值	说 明
Enabled	设置计时器是否工作	. T.	真值允许计时器工作，假值不允许计时器运行
Interval	计时器事件之间的毫秒数	500	是计时器控件的重要属性

①编写代码。在计时器控件的 Timer 事件中添加以下代码：

```
If thisform.text1.value<>time()
    Thisform.text1.value=time()
    Thisform.label1.caption="当前时间"
Endif
```

②表单运行后，上部显示当前日历，可以随意调整，下部显示系统时钟。程序运行后界面如图 6-14 所示。

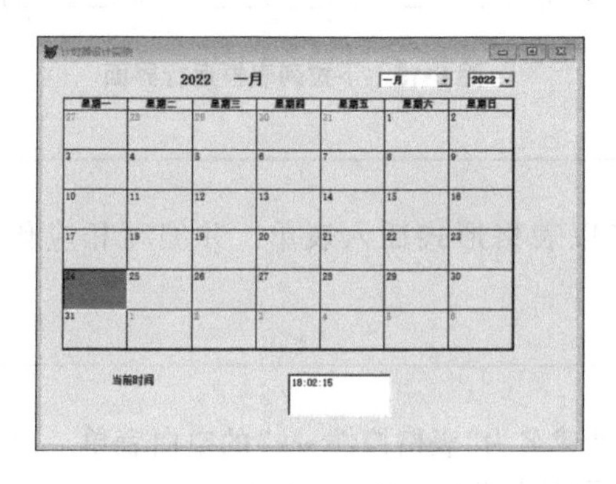

图 6-14 运行界面

工作任务 6

在“学生基本情况表”表单中增加一个下拉列表框，用于选择学生的院系。

任务实施 6

①打开“学生基本情况表.scx”表单。

②向表单添加标签控件，添加下拉列表框控件并设置其属性，见表 6-12 所列。

③保存并运行表单，如图 6-15 所示。

表 6-12 控件属性

控件名称	属 性	本例中设置的值
标签	AutoSize	. T.
标签	Caption	院系
列表框	ControlSource	学生基本情况表 . 院系

（续）

控件名称	属　性	本例中设置的值
列表框	RowSourceType	1——值
列表框	RowSource	文学院，西语学院，法学院，哲学院

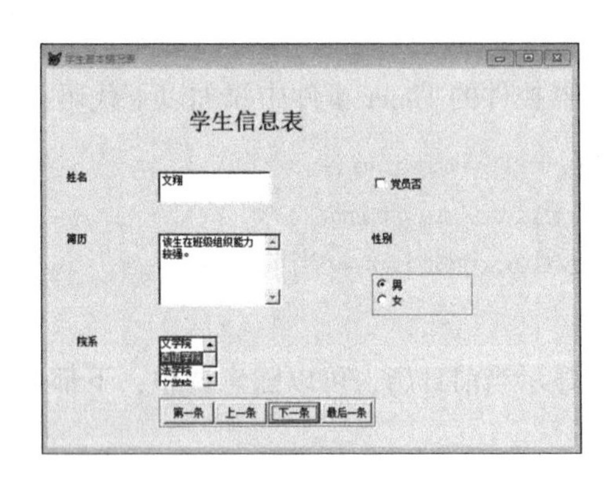

图 6-15　下拉列表框运行界面

工作任务 7

将学生基本情况表以表格形式插入表单，并编写相应代码，运行界面如图 6-16 所示。

任务实施 7

①建立窗体界面。新建名为“表格控件.scx”的空白表单。插入表格控件，右键选择生成器，如图 6-17 所示，设置表格属性见表 6-13 所列。

②设置控件属性。表格是一个容器对象，其中包含列。这些列除了包含表头和控制外，每个列还拥有自己的属性、时间、方法，从而提供对表格单元的大量控制。

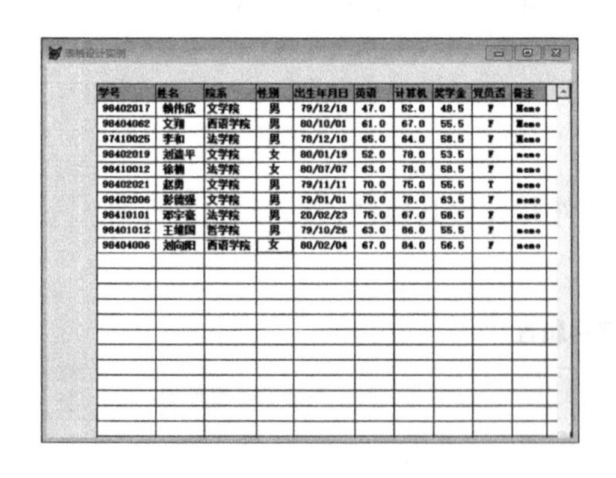

学号	姓名	院系	性别	出生年月日	英语	计算机	奖学金	党员否	备注
98402017	赖伟欣	文学院	男	79/12/18	47.0	52.0	48.5	F	Memo
98404062	文翔	西语学院	男	80/10/01	61.0	67.0	55.5	F	Memo
97410025	李和	法学院	男	78/12/10	65.0	64.0	58.5	F	Memo
98402019	刘清平	文学院	女	80/01/19	52.0	78.0	53.5	F	memo
98410012	徐楠	法学院	女	80/07/07	63.0	78.0	58.5	F	memo
98402021	赵勇	文学院	男	79/11/11	70.0	75.0	55.5	T	memo
98402006	彭德强	文学院	男	79/01/01	70.0	78.0	63.5	F	memo
98410101	邓宇奎	法学院	男	20/02/23	75.0	67.0	58.5	F	memo
98401012	王维国	哲学院	男	79/10/26	63.0	86.0	55.5	F	memo
98404006	刘向阳	西语学院	女	80/02/04	67.0	84.0	56.5	F	memo

图 6-16　运行界面图

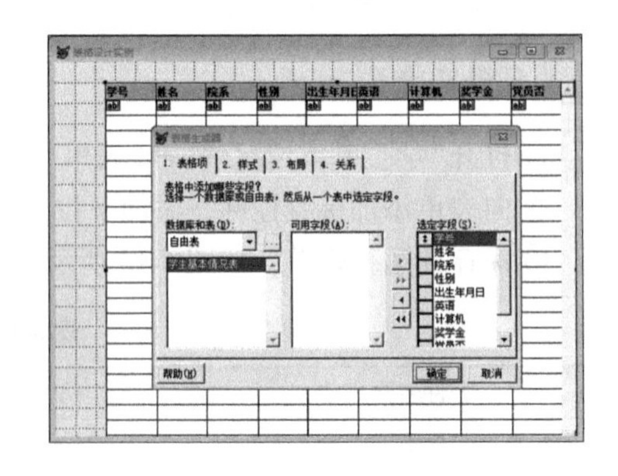

图 6-17　表格生成器界面

表 6-13 控件属性

属性	功能说明	本例中设置的值
ColumnCount	设置表格列数	9
ChildOrder	和父表主关键字相连的子表中的外部关键字	
LinkMasker	显示在表格中的自己录的父表	
RecordSource	和表格关联的数据源	
RecordSourceType	表格中显示数据来源于何处：表、别名、查询	1——别名

③编写代码。在表格的 Init 事件中添加以下代码：

```
This.column6.addobject("英语","spinner")  && 英语第 6 列字段,类型为数值型
This.column6.currentcontrol="英语"
This.column6. 英语 .visible=.t.
This.column7.addobject("计算机","spinner")
This.column7.currentcontrol="计算机"
This.column7. 计算机 .visible=.t.
This.column8.addobject("奖学金","spinner")
This.column8.currentcontrol="奖学金"
This.column8. 奖学金 .visible=.t.
return
```

④保存并运行表单。

工作任务 8

设计一个页框表单，页框中包含两个页面：供应和零件。单击“供应”页，可显示供应情况的基本信息。单击“零件”页，可显示零件信息情况。单击“退出”按钮，则关闭表单。

任务实施 8

①新建一个名为“零件供应情况.scx”的空白表单。表单属性设置见表 6-14 所列。

②右击表单对象，从弹出的快捷菜单中选择“数据环境”项，打开数据环境设计器，分别添加零件和供应表。

表 6-14 控件属性

属性	本例中设置的值	属性	本例中设置的值
AlwayOnTop	. T.	Caption	零件供应情况表
AutoCenter	. T.	MaxButton	. F.

③向表单添加一个页框控件。其属性如下：

PageCount：2　**设置页面的数量

④设置页面属性并向页面添加控件。右键单击页框“编辑”，单击第一个页面对象Page1，修改其Caption为“供应表”，添加表格控件，右键单击生成器选择“供应”表。用同样方法添加“零件”表。

⑤添加命令按钮并修改其Caption为退出，编写代码为：thisform. release。

⑥保存并运行表单。

知识链接

表单中的控件有两类：一类与表中的字段无关(如命令按钮)；另一类与表中的字段有关(如文本框)，这类控件涉及数据环境。可以使用“表单生成器”“表单控件”工具栏以及从“数据环境设计器”中直接拖动等多种方法添加控件。

一个表单可以看作是由多个控件组成的窗口，表单及其控件均称为对象。表单设计的一个主要工作就是向表单上添加各种控件。Visual FoxPro的“表单控件”工具栏中提供了表单设计所需要的各种控件。点击某控件按钮后，在表单的适当位置上拖动，即可创建一个相应的新对象。除了各种控件以外，工具栏中还有以下按钮：

选定对象：可以选定一个或多个对象，以便移动或改变控件的大小。在创建了一个对象之后，“选定对象”按钮被自动选定。选定多个对象时，应按住Shift键，也可按住鼠标左键在表单上拖动，出现选择框，选择框包含的对象全部被选中。

查看类：可以选择不同的类库以使用更多的控件，包括自定义类。选择一个类库后，工具栏只显示选定类库中相应类的按钮。

生成器锁定：新增控件时，自动打开生成器窗口(如果该控件具有相应的生成器)。

按钮锁定：可以添加多个同种类型的控件，而无须多次点击该控件按钮。

1. 表单的保存、运行和修改

1）表单的保存

执行“文件”菜单中的“保存”或“另存为”命令，第一次单击常用工具栏上的“保存”按钮，或单击“表单设计器”窗口右上角的“关闭”按钮，系统将提示是否保存所做的更改。回答“是”，将打开“另存为”对话框进行存盘操作。系统将以.scx扩展名保存表单文件，同时生成扩展名为.sct的表单备注文件。

此外，用户还可以使用“文件”菜单中的“另存为类”命令将表单或表单上的控件保存为类。

2）表单的运行

运行设计好的表单有以下几种方法：

①在项目管理器中选择要运行的表单后，点击“运行”按钮。

②在未退出“表单设计器”时，单击常用工具栏上的“运行”按钮。

③在命令窗口中键入 DO FORM 表单名命令。

④如要在程序中运行表单，则需在程序代码中包含 DO FORM 表单名命令。DO FORM 命令执行时是执行表单或表单集的 Show 方法。

3）表单的修改

修改表单的方法有以下几种：

①使用命令　MODIFY FORM<表单文件名>。

②使用菜单　选择菜单“文件”→“打开”命令，在“文件类型”下拉列表框中选择“表单”选项，选定要打开的表单文件，最后单击“确定”按钮。

2. 表单的标签、文本框和命令按钮

1）标签

标签控件(Label)用于标识字段或向用户显示提示信息，一般用于描述固定的信息，它没有数据源。常用属性如下：

Name：标签控件名，该属性是标签在程序中的唯一标识。

Caption：标签控件的标题。

AutoSize：标签控件是否根据其中内容的大小而自动改变大小。

Alignment：指定文本在标签控件中显示的对齐方式。

Top 和 Left：标签控件上边界与容器上边界、左边界与容器左边界的距离，用于设置控件在表单中的位置。

Height 和 Width：标签控件的高度和宽度，用于设置控件本身的大小。

BackStyle：标签控件的背景是否透明。

BackColor：标签控件的背景颜色。

ForeColor：标签控件中文本的颜色。

FontName：标签控件文字的字体。

FontSize：标签控件文字的大小。

2）文本框

文本框控件(Text)可以供用户输入、输出或编辑数据，一般包含一行数据。它允许用户添加或编辑保存在表中非备注型字段中的数据。所有标准的编辑功能，如剪切、复制和粘贴都可以在文本框中使用。文本框可以编辑任何类型的数据，如字符型、数值型、逻辑型、日期型和日期时间型等。

Value：返回文本框中的当前值。

ReadOnly：只读属性。默认为 f，表示用户可以编辑数据。

PasswordChar：常用于显示用户密码，指定文本框中显示用户输入的是字符还是占位符。一般用星号(*)。

ControlSource：设置文本框的数据源。文本框控件的数据源可以是字段和内存变量两种，若是字段必须来自数据环境中的表。

InputMask：用于确定控件中如何输入和显示数据。

常用事件如下：

Click：单击文本框。

GetFocus：文本框获得焦点(鼠标光标)。

LostFocus：文本框失去焦点。

KeyPress：在文本框中按下并释放一个按键。

常用方法为：

SetFocus：设置文本框具有焦点，即将鼠标光标放置在文本框中。

3. 命令按钮

使用命令按钮控件(Command)可以通过单击事件来执行相应的操作功能。每个表单都应该有一个退出操作，这可以使用命令按钮来实现。

常用属性如下：

Caption：设置命令按钮标题，可设置热键。

Picture：指定需要在按钮中显示的图片文件(.bmp、.ico 和 .jpg)。

Visible：设置按钮是否可见，默认为可见。

Enabled：设置命令按钮是否可用，默认为可用。

常用事件如下：

Click：单击命令按钮。

DblClick：双击命令按钮。

RightClick：右键单击命令按钮。

考核评价

评价内容	按要求 完成任务情况(60分)	自我评定(20分)	同学评定(20分)
得分			
合计			

巩固训练

1. 设计一个如图 6-18 所示的表单，具体描述如下：

(1)表单名和文件名均为“Timer”，表单标题为“时钟”，表单运行时自动显示系统的当前时间。

(2)显示时间的为标签控件 Label1(要求在单表中居中，标签文本对齐方式为居中)。

(3)单击“暂停”命令按钮(Command1)时，时钟停止。

(4)单击“继续”命令按钮(Command2)时，时钟继续显示系统的当前时间。

(5)单击“退出”命令按钮(Command3)时，关闭表单。

提示：使用计时器控件，将该控件的 Interval 属性设置为 500，即每 500 毫秒触发一次计时器控件的 Timer 事件(显示一次系统时间)；将该控件的 Interval 属性设置为 0 将停止触发 Timer 事件。在设计表单时将 Timer 控件的 Interval 属性设置为 500。

2. 设计一个满足如下要求的应用程序(所有控件的属性必须在表单设计器的属性窗口中设置)：

(1)建立一个表单，文件名和表单名均为“form1”，表单标题为“外汇”。

(2)表单中含有一个页框控件(PageFrame1)和一个“退出”命令按钮(Command1)。

(3)页框控件(PageFrame1)中含有 3 个页面，每个页面都通过一个表格控件显示相关信息。

①第 1 个页面 Page1 上的标题为“持有人”，上面的表格控件名为“grdCurrency_s1”，记录源的类型(RecordSourceType)为“表”，显示自由表 currency_s1 中的内容；

②第 2 个页面 Page2 上的标题为“外汇汇率”，上面的表格控件名为“grdRate_exchange”，记录源的类型(RecordSourceType)为“表”，显示自由表 rate_exchange 中的内容；

③第 3 个页面 Page3 上的标题为“持有量及价值”，上面的表格控件名为“Grid1”，记录源的类型(RecordSourceType)为“查询”，记录源(RecordSource)为查询文件 query。

(4)单击“退出”命令按钮(Command1)关闭表单。

注意：完成表单设计后要运行表单的所有功能。

3. 完成下列操作：

(1)建立一个文件名和表单名均为“oneform”的表单文件，表单中包括两个标签控件(Label1 和 Label2)、一个选项组控件(Optiongroup1)、一个组合框控件(Combo1)和两个命令按钮控件(Command1 和 Command2)，Label1 和 Label2 的标题分别为“系名”和“计算内容”，选项组中有两个选项按钮 Option1 和 Option2，标题分别为“平均工资”和“总工资”，Command1 和 Command2 的标题分别为“生成”和“退出”，如图 6-19 所示。

图 6-18　运行界面 1

图 6-19　运行界面 2

(2)将“学院表”添加到表单的数据环境中，然后手工设置组合框(Combo1)的 RowSourceType 属性为 6，RowSource 属性为“学院表.系名”。程序开始运行时，组合框中可供选择的是“学院表”中的所有“系名”。

(3)为“生成”命令按钮编写程序代码。程序的功能是：表单运行时，根据组合框和选项组中选定的“系名”和“计算内容”，将相应“系”的“平均工资”或“总工资”存入自由表 salary 中，表中包括“系名”“系号”以及“平均工资”或“总工资”3 个字段。

(4)为“退出”命令按钮编写程序代码，程序的功能是关闭并释放表单。

(5)运行表单，在选项组中选择“平均工资”，在组合框中选择“信息管理”，单击“生成”命令按钮。最后单击“退出”命令按钮结束。

项目7 程序设计基础

学习目标

知识目标

1. 了解程序文件建立、保存、修改与运行的方法；
2. 掌握程序中常用命令的使用方法；
3. 掌握应用结构化程序设计的基本方法编写程序的方法；
4. 掌握程序的编写和调用方法。

技能目标

1. 会用多种方法完成程序文件的建立、保存、修改与运行；
2. 会灵活运用程序中的常用命令；
3. 会使用结构化程序设计的基本方法编写程序；
4. 会进行程序、过程文件等的编写和调用。

素质目标

1. 培养学生爱国、爱岗、敬业、诚实、守信、高效、协作、精益求精等职业道德与素质；
2. 培养学生工匠精神；
3. 培养学生发现问题、解决问题的能力。

任务 7-1 顺序结构程序设计

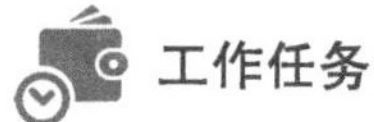

工作任务

解决“鸡兔同笼”问题。鸡有 2 只脚，兔有 4 只脚，如果已知鸡和兔共 H 只，脚的个数为 F 只，笼中鸡和兔各有多少只？如图 7-1 所示。

任务实施

设笼中有鸡 X 只，兔 Y 只，可得方程组：

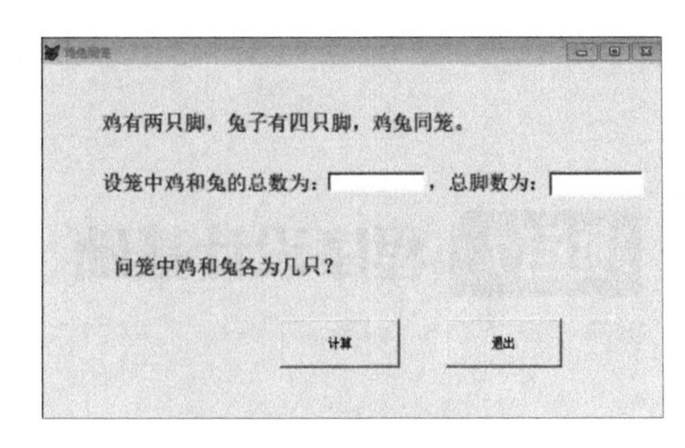

图 7-1 “鸡兔同笼”问题

$$\begin{cases}X+Y=H\\2X+4Y=F\end{cases}$$

解方程组得 $X=(4H-F)/2$；$Y=(F-2H)/2$。

语句序列A

语句序列A

图 7-2 顺序结构

如图 7-2 所示，程序运行时按照命令在程序中的先后次序依次执行。操作步骤如下：

①“文件”→“新建”命令，创建新表单，打开“表单设计器”窗口，添加 3 个标签控件、两个文本框控件和两个命令按钮。设置各对象属性见表 7-1 所列。

表 7-1 各控件属性设置

控件名	属 性	取 值
Form1	Caption	鸡兔同笼
Label1	Caption	鸡有两只脚，兔有四只脚，鸡兔同笼
Label2	Caption	设笼中鸡和兔的总数为：
Label3	Caption	总脚数为：
Label4	Caption	笼中鸡和兔各有几只？
Text1		
Text2		
Command1	Caption	计算
Command2	Caption	退出

②编写代码。命令按钮 Command1 的 Click 事件代码如下：

```
H=val(thisform.text1.value)
F=val(thisform.text2.value)
X=(4H-F)/2
Y=(F-2H)/2
Thisform.label4.capiton="则笼中鸡有"+alltrim(str(X))+"只,+兔有"+alltrim(str(Y))+"只."
```

命令按钮 Command2 的 Click 事件代码如下：

```
Thisform.release
```

知识链接

程序是能够完成一定任务命令的有序集合。这些命令的集合被放在一个有特定扩展名(.prg)的文件中，这个文件称为程序文件或命令文件。

1. 程序的建立、编辑

Visual FoxPro 程序是由若干条语句或指令组成的文本文件。下面介绍 3 种建立程序的方法。

1）通过菜单建立程序

①选择“文件”菜单中的“新建”命令，打开“新建”对话框。

②在“文件类型”中选择“程序”，单击“新建文件”按钮，即可打开编辑窗口。

2）通过项目管理器建立程序

①打开“项目管理器”对话框。

②选择“代码”选项卡，从中选择“程序”项，单击“新建”按钮完成。

3）通过命令方式建立程序

①在 COMMAND 命令窗口中输入以下命令：MODIFY COMMAND <程序文件名>。

命令功能是调用 Visual FoxPro 的文本编辑程序建立和编辑程序。文件的扩展名隐含为 . prg。

②出现一个名为“程序 1”的编辑窗口，如图 7-3 所示。在窗口中一次输入程序指令即可。编辑窗口中是一个计算 1~100 的素数和的程序。

图 7-3 程序编辑窗口

若建立新的应用程序之后保存文件，可以单击“文件”菜单中的“保存”命令，指定合适的路径和文件名。也可以单击工具栏上的“保存”按钮来保存文件。

此外，用户在程序编辑窗口中创建和编辑程序之后，关闭窗口时 Visual FoxPro 会显示系统提示框，询问用户是否存盘，这就避免了一些由于不必要的失误而造成的损失。

2. 程序的修改

修改某个已经存在的程序文件有 3 种方法。

1）通过菜单修改程序

①选择“文件”菜单中的“打开”命令，或者单击工具栏上的“打开”按钮。

②在“文件类型”下拉列表框中选择“程序”，再从“查找范围”下的列表框中选择要修改的文件名，单击“确定”按钮将其打开。

2）通过项目管理器修改程序

①打开“项目管理器”对话框。

②选择“代码”选项卡，在“程序”中选择想要修改的程序文件，单击“修改”按钮。

3）通过命令方式修改程序

在命令窗口中输入以下命令打开并修改程序文件：

MODIFY COMMAND <要修改的程序文件名>

3. 程序文件的运行

程序文件建立或修改后，有以下几种常用的运行方式。

1）命令方式

格式：DO<程序文件名>

此命令既可以在命令窗口中执行，也可以在程序中出现。系统将运行扩展名为.fxp 或.prg 的程序文件。

当程序文件被调用时，按文件中语句出现的顺序执行。直到遇到下列命令之一，程序才停止执行：

- RETURN：结束当前程序的执行，返回到调用它的程序。
- CANCEL：终止程序执行，清除所有的私有变量，返回到命令窗口。
- DO：执行其他程序。
- QUIT：退出 Visual FoxPro 系统，返回到操作系统。
- 程序执行到文件末尾：文件被调用执行完成后，将返回到调用程序、主控程序或命令窗口状态。

2）菜单方式

选择“程序”→“运行”命令，打开“运行”对话框，再点击“文件”→“运行”。

采用菜单方式运行程序文件时，系统会自动将默认或设置的文件夹打开，列出该文件夹下的程序文件。

3）过程调用

程序文件可以嵌套调用。在运行程序文件的过程中，当遇到“DO <程序文件名>”命令时，就要暂时终止该程序文件的执行，转去运行另一个程序(子程序或过程)。当另一个程序执行完毕后，再返回程序终止处继续向下执行。

4. 程序中常用的命令

1) INPUT 命令

格式：INPUT[<字符表达式>]TO<内存变量>

功能：该命令等待用户输入数据，用户可以输入任意合法的表达式。当用户以回车符结束输入时，系统将表达式的值存入指定的内存变量中，程序继续向下运行。

说明：

- 如果选用了<字符表达式>，系统会首先显示该表达式的值，作为提示信息。
- 输入的数据可以是常量、变量，也可以是表达式。如果不输入任何内容直接按回车键，将要求重新输入。
- 输入字符型常量时要求有定界符。

2) ACCEPT 命令

格式：ACCEPT [<字符表达式>] TO <内存变量>

功能：该命令等待用户从键盘输入字符串。当用户按回车键结束输入时，系统将该字符串存入指定的内存变量中，然后继续执行。

说明：如果选用<字符表达式>，那么系统会首先显示该字符串的值，作为提示信息。该命令只能接收字符串。用户输入的任何字符都将作为字符串的构成部分，不用加定界符。如果不输入任何内容而直接按回车键，内存变量接收空串。

3) WAIT 命令

格式：WAIT[<字符表达式>][TO <内存变量>][WINDOW [AT <行>，<列>]][NOWAIT][CLEAR | NOCLEAR][TIMEOUT <数值表达式>]

功能：该命令显示字符表达式的值作为提示信息，暂停程序的执行，直到用户输入单个字符或按任意键或单击鼠标时程序继续执行。

说明：

- 若定义了<字符表达式>，则显示；否则显示系统默认提示信息“按任意键继续”。
- 若选择了“TO <内存变量>”子句，则键盘输入的单个字符存入这个内存变量中，类型为字符型。
- 若选用了 WINDOW 子句，则在主窗口的右上角，或在 AT 短语指定的位置上出现一个 WAIT 提示窗口，在其中显示提示信息；否则，在 Visual FoxPro 主窗口或当前用户自定义的窗口中显示提示信息。
- 若选用了 NOWAIT 子句，系统将不等待用户按键，继续往下执行程序。
- 若选用了 NOCLEAR 子句，则不关闭提示信息窗口，直到执行下一条 WAIT

WINDOW 命令或 WAIT CLEAR 命令。

• 若选用了 TIMEOUT 子句，则按数字表达式的值设定等待时间(单位为秒)；一旦超时，系统将不等待用户按键继续往下执行程序。

4）CANCEL 命令

格式：CANCEL［<任意字符>］

功能：终止命令文件的执行，关闭所有打开的文件，返回 Visual FoxPro 主窗口。

说明：<任意字符>可用于书写注释。

5）RETURN 命令

格式：RETURN［<TO MASTER>］

功能：返回调用命令文件的上一级程序的调用处。

说明：若无程序调用则返回圆点提示符。若选择<TO MASTER>项，直接返回主程序。

6）QUIT 命令

格式：QUIT

功能：关闭所有打开的文件，退出 Visual FoxPro 系统，将控制交还操作系统。

说明：这是 Visual FoxPro 系统运行期间，安全地退出和返回操作系统的方法。如果通过复位、关机或热启动等方式退出 Visual FoxPro 系统，将有可能导致打开的数据库文件损失和数据丢失。

7）CLEAR 命令

格式：CLEAR［ALL/FIELDS/GETS/MEMORY/PROGRAM/TYPEAHEAD］

功能：按给定的命令格式来清除屏幕或系统的状态信息。

说明：

• 不带选择项的 CLEAR 命令：将清除整个屏幕。

• CLEAR ALL 命令：释放所有内存变量，关闭当前工作区中打开的数据库文件及与之相关的索引文件、屏幕格式文件和备注文件，恢复第一工作区为当前工作区。

• CLEAR FIELD 命令：清除由 SET FIELDS TO 命令建立的字段名表，然后自动执行一条 SET FIELDS OFF 命令。

• CLEAR GETS 命令：清除所有未执行的 GET 语句所定义的 GET 变量。该命令不释放其他变量。

• CLEAR MEMORY 命令：释放所有内存变量。

• CLEAR PROGRAM 命令：清除内存缓冲区中的程序文件。

在用 RUN 命令执行操作系统改变当前目录命令或用 PATH 改变路径命令等特定情况下，可能需要用该命令清除内存缓冲区中的程序文件。

在调用编辑命令修改某命令文件后，应先执行该命令以清除内存中保留的旧文件，再执行该文件。

- CLEAR TYPEAHEAD 命令：用于清除键盘缓冲区。

8）CLOSE 命令

格式：CLOSE [ALL/ALTERNATE/DATABASE/INDEX/PROCEDURE]
说明：
- CLOSE ALL 命令：关闭所有打开的各类文件，对内存变量不产生影响。
- CLOSE ALTERNATE 命令：关闭所有打开的文本文件。
- CLOSE DATABASE 命令：关闭所有打开的数据库文件、索引文件和格式文件。
- CLOSE INDEX 命令：关闭当前工作区中打开的所有索引文件。
- CLOSE PROCEDURE 命令：关闭当前打开的过程文件。

5. 顺序结构程序设计

程序结构是指程序中的命令或语句的流程结构。顺序结构、选择结构和循环结构是程序的 3 种结构。顺序结构是 3 种结构中最基本的程序结构，按照命令在程序中的先后次序依次执行。

考核评价

评价内容	按要求 完成任务情况(60分)	自我评定(20分)	同学评定(20分)
得分			
合计			

任务 7-2 选择结构程序设计

工作任务 1

使用单分支结构 IF…ENDIF 查找并显示“学生”表中某同学的有关情况。

任务实施 1

程序名称为程序 2. prg，单分支结构程序代码如下：

```
SET TALK OFF
CLEAR
USE E:\学生
ACCEPT "请输入学生姓名:"TO CNAME
```

```
LOCATE FOR 姓名=CNAME
IF FOUND()                                  && 判断是否找到该记录
  ?"学号:"+学号
  ?"姓名:"+姓名
  ?"出生日期:"+DTOC(出生日期)
ENDIF
USE
SET TALK ON
RETURN
```

程序使用 FOUND( ) 函数检验 LOCATE 命令是否查找成功。若成功，返回值为真，输入相应信息，否则返回值为假，不执行输出操作。

工作任务 2

使用双分支结构 IF…ELSE…ENDIF 查找并显示“学生”表中某学生的有关情况，如果找到，则显示一条提示信息。

任务实施 2

文件→新建→程序→编写代码→保存→运行程序。

程序名称为程序 3. prg，单分支结构示例程序代码如下：

```
SET TALK OFF
CLEAR
USE E:\学生
ACCEPT "请输入学生姓名:"TO CNAME
LOCATE FOR 姓名=CNAME
IF FOUND()                                  && 判断是否找到该记录
  ?"学号:"+学号
  ?"姓名:"+姓名
  ?"出生日期:"+DTOC(出生日期)
ELSE
  ?"没有"+ALLTRIM(CNAME)+"这个学生"
ENDIF
USE
SET TALK ON
RETURN
```

工作任务 3

使用多分支结构 DO CASE…ENDCASE 完成以下任务：输入某学生成绩，并判断其成绩等级，90~100 分为优秀，80~89 分为良好，70~79 分为中等，60~69 分为较差，60 分以下为不及格。

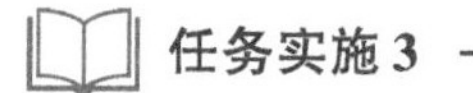

任务实施 3

文件→新建→程序→编写代码→保存→运行程序。

程序代码如下：

```
SET TALK OFF
CLEAR
INPUT "请输入成绩:"TO N
DO CASE
    CASE N>=90 AND N<=100
  ?"成绩优秀"
CASE N>=80
  ?"成绩良好"
CASE N>=70
  ?"成绩中等"
CASE N>=60
  ?"成绩较差"
CASE N>=0
  ?"成绩不及格"
  OTHERWISE
  ?"成绩输入错误,请检查是否在 0~100"
ENDCASE
  ?"程序执行完毕,谢谢使用"
SET TALK ON
RETURN
```

知识链接

流程图可以简单地描述一个过程，是对过程、算法、流程的一种图像表示。规范的流程图可以帮助项目组成员统一认识，便于项目的沟通和讨论。流程图主要有以下特点：

①流程图形状统一。流程图由标准化符号组成(表 7-2)。

②起点必须有且只有一个，而终点可以省略不画或有多个。

③流程图的形状、大小一致，字号统一。

④流程线从下往上或从右往左时，必须带箭头；除此以外，都可以不画箭头。流程线的走向默认是从上向下或从左向右。

⑤判断框和处理框上下端连接“YES”线，左右端连接“NO”流入流出线。

⑥流程图从左到右、从上至下排列。

⑦流程处理关系为并行关系的，需要将流程放在同一高度。

⑧连接线不要交叉。

常用流程图结构包括单分支结构、双分支结构、多分支结构 3 种。

表 7-2　流程图的标准化符号

图形符号	名称	说　明
	输入输出框	表示数据的输入与输出，其中可以注明数据名称
	处理框	表示对数据的各种处理功能，矩形内可以简要注明处理名称
	特定处理	表示已命名的处理，矩形内可以简要注明处理的名称或功能
	判断框	表示判断，菱形内可以注明判断条件
	端点	表示程序流程的起点和终点
→	矢量线	连接流程图的各部分，同时指出程序各部分的执行顺序

1. 单分支结构(图 7-4)

格式：

```
IF<条件表达式>
        <命令序列>
    ENDIF
```

功能：若条件表达式的值为真，则顺序执行命令；否则跳过命令序列，直接执行 ENDIF 后面的命令。

说明：IF 语句与 ENDIF 语句必须成对出现。

2. 双分支结构(图 7-5)

格式：

```
IF<条件表达式>
    <命令序列 1>
    ELSE
        <命令序列 2>
    ENDIF
```

功能：若条件表达式的值为真，则顺序执行命令序列 1，然后执行 ENDIF 后面的语句；否则执行命令语句 2，再顺序执行 ENDIF 后面的语句。

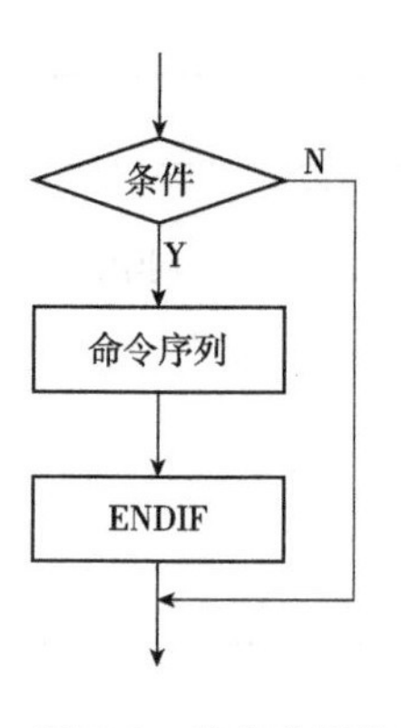

图 7-4　单分支结构

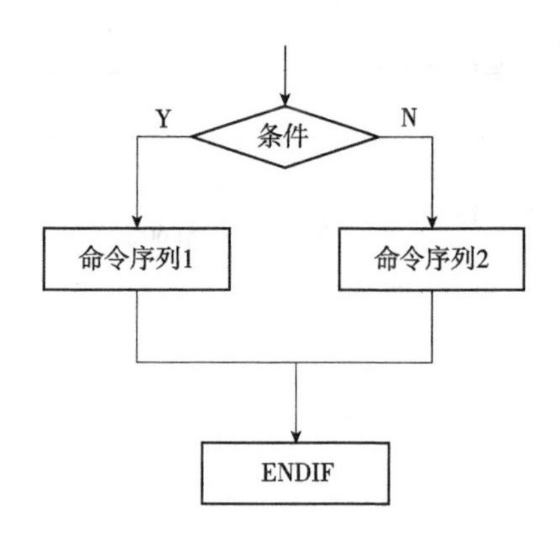

图 7-5　双分支结构

3. 多分支结构

在处理多分支问题时，虽然可以用分支语句嵌套的办法来解决，但是编写程序时容易出错。而结果分支语句各种情况之间的关系是并列的，各种分支处于相同的级别，缩进的层次一致，使程序的结果层次清晰、简明，从而减少了编写程序的错误，增加了程序的可读性(图 7-6)。

格式：

```
DO CASE
  CASE <条件表达式 1>
    <命令序列 1>
  CASE<条件表达式 2>
    <命令序列 2>
  …
  CASE <条件表达式 n>
    <命令序列 n>
    [OTHERWISE
    <命令序列 n+1>]
ENDCASE
```

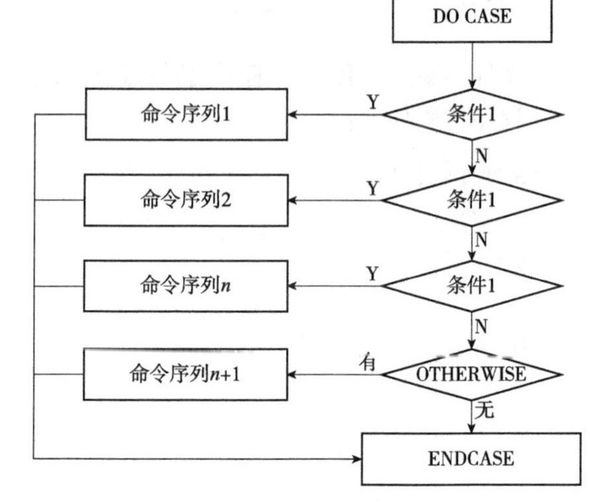

图 7-6　多分支结构

功能：根据 n 个条件表达式的逻辑值，选择执行 n+1 个命令序列中的一个。系统执行 DO CASE…ENDCASE 语句时，首先逐个检查每个 CASE 项中的条件表达式，只要遇到某个条件表达式的值为真，就去执行这一 CASE 项下的命令行序列，然后结束整个 DO CASE…ENDCASE 语句，接着执行 ENDCASE 后面的语句。若所有的 CASE 项下的条件表达式都为假，则执行 OTHERWISE 项下的命令行序列，然后执行 ENDCASE 后面的语句。

在整个 DO CASE…ENDCASE 语句中，每次最多只有一个语句行序列被执行。在多个 CASE 项的条件表达式都为真时，系统只能执行位置在最前面的 CASE 项下的命令行序列。

考核评价

评价内容	按要求 完成任务情况(60分)	自我评定(20分)	同学评定(20分)
得分			
合计			

任务7-3 循环结构程序设计

工作任务1

计算 1+2+3+…+100 的和。

任务实施1

文件→新建→程序→编写代码→运行程序(图7-7)。

程序代码如下:

```
SET TALK OFF
CLEAR
s=0
i=1
do while i<=100
s=s+1
i=i+1
enddo
?"1~100 的和为:",s
Return
```

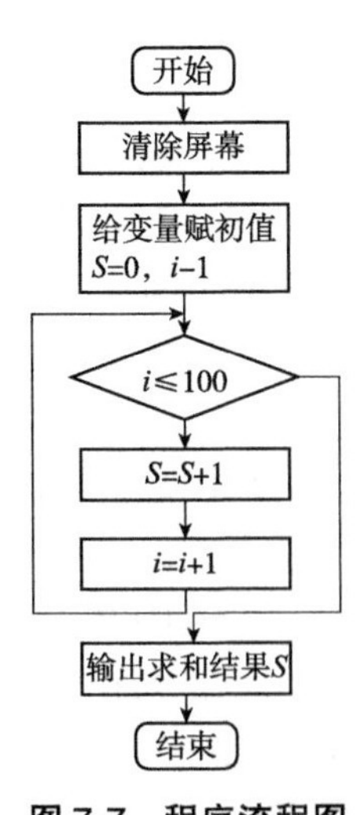

图7-7　程序流程图

工作任务2

求 1~500 中能同时满足被3除余2、被5除余3、被7除余2的所有整数。

任务实施2

文件→新建→程序→编写代码→运行程序。

程序代码如下:

```
SET TALK OFF
CLEAR
FOR N=1 TO 500
    IF N% 3=2 AND N% 5=3 AND N% 7=2
      ?? N
      ??""
    ENDIF
ENDFOR
SET TALK ON
RETURN
```

工作任务3

用SCAN循环来统计“学生”表中的男女学生人数。

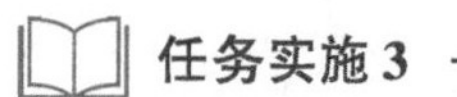

任务实施3

文件→新建→程序→编写代码→运行程序。

程序代码如下：

```
SET TALK OFF
CLEAR
USE E:\学生
STORE 0 TO N,M
SCAN
  IF 性别="男"
    N=N+1
  ELSE
    M=M+1
  ENDIF
ENDSCAN
?"男生人数"+STR(N)
?"女生人数"+STR(M)
USE
SET TALK ON
RETURN
```

工作任务4

打印九九乘法口诀表。

任务实施 4

文件→新建→程序→编写代码→运行程序。

```
SET TALK OFF
CLEAR
FOR X=1 TO 9                                  && 外层循环入口
Y=1
    DO WHILE Y<=X                             && 内层循环入口
    Z=X*Y
    ??STR(Y,1)+"*"+STR(X,1)+"="+STR(Z,2)+""
    Y=Y+1
    ENDDO                                     && 内层循环终端
?
ENDFOR                                        && 外层循环终端
SET TALK ON
RETURN
```

知识链接

循环结构是在指定的条件下反复执行某些相同的操作，被反复执行的操作称为循环体。实现循环操作的程序称为循环结构程序。Visual FoxPro 提供了 3 种循环结构：DOWHILE…ENDDO、FOR 和 SCAN…ENDSCAN。

1. DO WHILE…ENDDO 循环结构

DO WHILE…ENDDO 循环是一种常用的循环结构(图 7-8)，多用于事先不知道循环次数的情况。

格式：

```
DO WHILE<条件表达式>
    <命令序列 1>
    [LOOP]
    <命令序列 2>
    [EXIT]
    <命令序列 3>
ENDDO
```

功能：当 DO WHILE 语句中的<条件表达式>为真时，反复执行 DO WHILE 与 ENDDO 之间的语句，直到<条件表达式>为假时结束循环，执行 ENDDO 后面的语句。DO WHILE 和 ENDDO 语句必须成对使用，它们之间的语句称为循环体。

说明：

• LOOP 语句：强行返回到循环开始语句。

• EXIT 语句：强行跳出循环，继续执行 ENDDO 后的语句。

提示：使用 DO WHILE 循环有 3 个要素。

• 循环变量（DO WHILE 条件表达式中出现的变量）必须赋初值。

• 正确设置循环条件，能使循环有效地执行和终止。

• 在循环体内要有改循环变量值的语句，不至于形成死循环。当条件成立时重复行循环体；否则退出循环，执行 ENDDO 后面的语句。

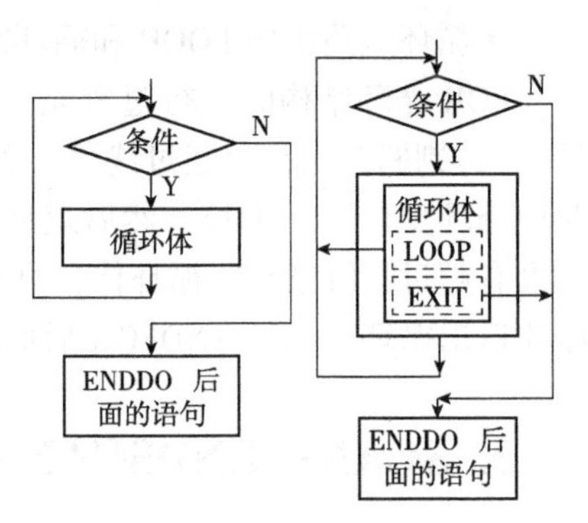

图 7-8　循环结构

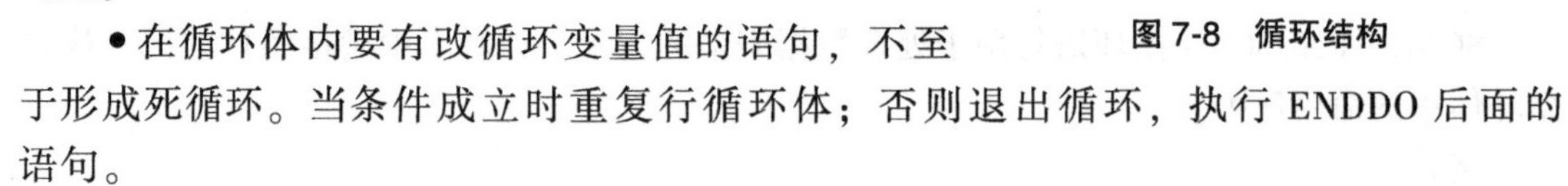

2. FOR 循环结构

FOR 循环结构也称步长型循环，对事先已经知道循环次数的事件，往往使用 FOR 循环。

格式：

FOR<控制变量>=<循环初始值>TO<循环终止值>[STEP<步长>]

　<命令序列 1>

[LOOP]

　<命令序列 2>

[EXIT]

　<命令序列 3>

ENDFOR | NEXT

"程序结束，谢谢使用！"

USE

SET TALK ON

RETURN

功能：按照设置好的循环变量参数，执行固定次数的循环操作。

说明：

• FOR 语句称为循环说明语句，语句中所设置的初值、终值与步长决定了循环体的执行次数，循环次数= INT((终值-初值)/步长)+1。

• 步长为 1 时，"STEP1"可以省略。

• ENDFOR（或 NEXT）语句称为循环终端语句，其作用是标明循环程序段的终点，同时使循环变量的当前值增加一个步长。

• FOR 语句与 ENDFOR 语句之间的命令序列即循环体，用来完成多次重复操作。FOR 语句与 ENDFOR 语句必须成对出现。

• 循环短路语句 LOOP 和循环断路语句 EXIT 与 DO WHILE 循环中的作用相同。

FOR 循环结构的执行过程是：先为循环变量设置初值(该变量一般为数值型内存变量)，再判断其值是否超过终值；若没有超过，执行循环体，遇到循环终端语句 ENDFOR 时使循环变量增加步长，然后返回 FOR 语句处，将循环变量的当前值与循环终值比较；若没有超过，继续执行循环体，直至循环变量的当前值超过终值或执行到 EXIT 语句，程序才退出循环，执行 ENDFOR 后面的语句。

3. SCAN…ENDSCAN 循环结构

SCAN…ENDSCAN 循环语句用于处理数据表中的记录。针对表中满足条件的记录执行循环体中的命令序列。

格式：

```
SCAN [范围] [FOR<条件 1>] [WHILE<条件 2>]
 <命令序列>
[LOOP]
 <命令序列>
[EXIT]
 <命令序列>
ENDSCAN
```

功能：在当前数据表中，针对每个符合指定条件的记录，执行循环体中的程序代码。在当前表中移动当前记录的指针，直到条件为 .F. 或到文件结尾。该命令用于对当前表中满足条件的每个记录执行一组指定的操作，当记录指针从头到尾移动通过整个表时，SCAN 循环将记录指针指向每个满足的记录，执行一遍 SCAN 与 ENDSCAN 之间的命令。

说明：

• [范围]的默认值是 ALL，取值可以是 ALL、NEXT nRecords、RECORD nRecordNumber、REST。

• FOR<条件 1>用来指定只有符合条件的记录才进入循环体。

• WHILE<条件 2>用来指定终止循环的条件。

• 当遇到 LOOP 时，返回 SCAN 进行条件的判断。

• 当遇到 EXIT 时，结束循环，执行 ENDSCAN 后面的语句。

4. 多重循环

一个循环体中包含着另一个循环，这种循环结构称为双重循环结构。在多重循环结构程序设计时应注意以下事项。

①循环语句必须成对出现，一一对应。

②循环结构只能嵌套，不能交叉。循环体中如果包含 IF 或 DO CASE 等条件选择语

句，所对应的ENDIF或ENDCASE语句也应完全包含在相应的循环体内。

③不同层次的循环控制变量不要重名，以免混淆。

④为使程序结构清晰，每层循环最好用缩进格式书写。

下面是循环嵌套的一般命令格式：

```
循环头 1
    <语句行序列 1>
    循环头 2
    <语句行序列 2>
      …
      循环头 N
      <语句行序列 N>
      循环结束 N
      …
    循环结束 2
循环结束 1
```

考核评价

评价内容	按要求 完成任务情况(60分)	自我评定(20分)	同学评定(20分)
得分			
合计			

任务7-4 多模块程序设计

工作任务1

用过程调用语句编写学生管理系统。

任务实施1

新建程序→编写代码→保存文件→运行程序。

＊＊P1. prg＊＊

```
SET TALK OFF
USE XSDB
DO WHILE .T.
```

```
      CLEAR
  TEXT
                 学生档案管理
            =======================
          1---录入            2---修改
          3---查询            4---删除
                    0---退出
    ENDTEXT
WAIT"请输入您的选择(0-4):"TO XC
DO CASE
  CASE XC="1"
        DO SU1
  CASE XC="2"
        DO SU2
  CASE XC="3"
        DO SU3
  CASE XC="4"
        DO SU4
  CASE XC="0"
      CANCEL
OTHERWISE
    WAIT "选择错误,按任意键重新选择!"
ENDCASE
ENDDO
```

** 过程：SU1. prg(追加记录) **

```
APPEND
RETURN
```

** 过程：SU2. prg(修改记录) **

```
BROWSE
RETURN
```

** 过程：SU3. prg(查询记录) **

```
INPUT"请输入查询的学号:"TO NM
LOCATE FOR 学号=NM
DISPLAY
RETURN
```

** 过程：SU4. prg(删除记录) **

```
INPUT"请输入要删除的记录号:"TO NM
GO NM
DELETE
PACK
RETURN
```

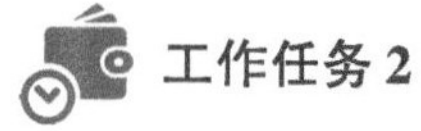

工作任务 2

用过程文件形式编写学生档案管理系统。

任务实施 2

新建程序→编写代码→保存文件→运行程序。

P2.prg

```
SET TALK OFF
USE XSDB
DO WHILE .T.
  CLEAR
  TEXT
                学生档案管理
            ======================
        1---录入              2---修改
        3---查询              4---删除
                  0---退出
    ENDTEXT
WAIT"请输入您的选择(0-4):"TO XC
SET PROCEDURE TO SUB
DO CASE
  CASE XC="1"
        DO SU1
  CASE XC="2"
        DO SU2
  CASE XC="3"
        DO SU3
  CASE XC="4"
        DO SU4
  CASE XC="0"
      CLOSE PROCEDURE
      CANCEL
OTHERWISE
```

```
    WAIT"选择错误,按任意键重新选择!"
ENDCASE
ENDDO
```

** 过程：SUB. prg **

```
PROCEDURESU1
APPEND
RETURN
PROCEDURESU2
BROWSE
RETURN
PROCEDURESU3
INPUT"请输入查询的学号:"TO NM
LOCATE FOR 学号=NM
DISPLAY
RETURN
PROCEDURESU4
INPUT"请输入要删除的记录号:"TO NM
GO NM
DELETE
PACK
RETURN
```

工作任务 3

计算半径为 10 的圆的面积。

任务实施 3

新建程序→编写代码→保存文件→运行程序。

过程文件 P3. prg 为：

** 建立圆面积功能的程序：P3. prg **

```
PROCEDUREP3
PARAMETERS X,Y
Y=3.1416*X*X
RETURN
ENDPROC
```

程序为：

```
S=0
SET PROC TO P3
```

```
DO P3 WITH 10,S
    ?"圆面积=",S
RETURN
```

执行结果为：圆面积=314.6。

工作任务4

计算3项阶乘之和，即 $X!+Y!+Z!$，其中 $N!=1\times2\times3\times\cdots\times N$。

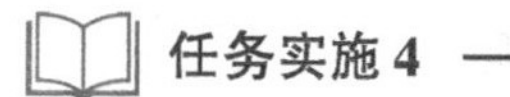

任务实施4

通过分析可知，本任务实施有很多方法，如使用自定义函数或使用带参数的过程调用。具体代码如下：

(1)自定义函数的方法

```
CLEAR
INPUT "X=" TO X
INPUT "Y=" TO Y
INPUT "Z=" TO Z
nSUM=S(X)                                    && 函数调用
nSUM= nSUM +S(Y)
nSUM= nSUM +S(Z)
? STR(X)+ "! +"+STR(Y)+ "! +" +STR(Y)+ "!="+STR(nSUM)
CANCEL
FUNCTION S                                   && 定义函数
    PARAMETERS N
    K=1
  FOR  I=1 TO N
    K=K*I
  ENDFOR
RETURN K
ENDFUNC
```

(2)带参数的过程调用

```
CAEAR
  STORE 0 TO S
INPUT"X=" TO X
INPUT"Y=" TO Y
INPUT"Z=" TO Z
  DO SUB WITH X,S                            && 带参数的过程调用
```

```
    NSUM1 = S
    DO SUB WITHY,S
    NSUM2 = S
    DO SUB WITH Z,S
    NSUM3 = S
    NSUM = NUSM1 +NUSM2 +NUSM3
    ? STR (X)+ "! +"+STR (Y)+ "! +" +STR (Y)+ "! = "+STR (NSUM)
    CANCEL
    PROCEDURE SUB                                    && 定义过程 SUB,求阶乘
      PARAMETERS N,K
      K = 1
    FOR I = 1 TO N
      K = K * I
    ENDFOR
  RETURN
  ENDPROC
```

知识链接

1. 子程序

设计程序时常常有些运算和处理程序是相同的，或者是以不同的参数参与程序运行。将重复的或能单独使用的程序设计成能够完成一定功能的、可供其他程序调用的独立程序段，这种程序段称为子程序。它形式独立，可以被其他程序调用，这样就可以按照功能的划分将一个程序分成多个子程序，最终将一个复杂的问题划分为多个简单的子问题。

既然子程序是一个相对独立的程序段，就可以仍然用顺序、选择、循环这 3 种基本结构进行构造，与主程序一样来进行程序的编写。

2. 过程、函数与方法

子程序按照存在的方式不同，可以分为过程、函数和方法。过程和函数存在于程序文件或过程文件中，它们的区别是函数可以返回值而过程不返回值。

此外，日常生活中要编制的应用系统都不会是一个简单的软件系统。在软件工程中，将一个系统按照功能的分工划分成若干个相对独立的大模块，大模块又细分为小模块，使用一个较小的模块完成一个基本功能。模块间存在着调用关系，这就是结构化程序设计方法。程序的模块化使得程序的独立性强、耦合性较小，并且程序易读性高，并为以后的完善和扩充提供了基础。

1)过程及过程调用

在 Visual FoxPro 中，一个过程就是一个程序，它的建立、运行与主程序相同，并以同样的文件格式(.prg)存放在磁盘上。但是，一个过程中至少要有一条返回语句。

格式：RETURN[TO MASTER]

功能：结束过程运行，返回调用它的程序或最高一级主程序。

说明：TO MASTER 选择项在过程嵌套中使用。无此项时，过程返回到调用它的原程序处，否则回到最高一级主程序。

在某一个程序中安排一条 DO 命令来运行一个程序，就是过程调用，又称外部过程调用。

被调用的程序中必须有一条 RETURN 语句，以返回调用它的主程序。

值得注意的是：

①主程序中 TEXT…ENDTEXT 命令，功能是将 TEXT 和 ENDTEXT 之间的文本或内存变量按照指定的格式进行输出。

②应该将子过程存成一个单独的程序文件，或者将各子过程写成过程的形式。

2)过程文件中的过程调用

在外部过程调用中，过程作为一个文件独立存放在磁盘中，因此每调用一次过程，都要打开一个磁盘文件，影响程序运行的速度。为减少磁盘访问时间、提高程序运行速度，Visual FoxPro 提供了过程文件。过程文件是一种包含有过程的程序，可以容纳 128 个过程。

过程文件被打开以后一次调入内存，在调用过程文件中的过程时，不需要频繁地进行磁盘操作，以便提高过程的调用速度。过程文件中的过程不能作为一个程序来独立运行，因而被称为内部过程。

过程文件的建立及使用方法与程序相同，且都使用相同的扩展名(.prg)。但是当一个过程文件较大时，最好不要用 MODIFY COMMAND 命令来建立，以免文件丢失，而需要用其他文字编辑软件来建立和编辑。

过程文件由若干各自独立的过程组成，这些过程的名称为 1~8 个字符，每个过程都以 PROCEDURE<过程名>语句开始。

格式：

PROCEDURE|FUNCTION<过程名>

　　<命令序列>

　　[RETURN[<表达式>]]

ENDPROC|ENDFUNC

功能：PROCEDURE|FUNCTION 命令表示一个过程的开始，并命名过程名。过程名的定义与变量的定义规则相同，以字母或下划线开头，可以包含字母、数字和下划线。

ENDPROC | ENDFUNC 用来表示一个过程的结束。如果是 ENDPROC | ENDFUNC 命令，那么过程结束于下一条 PROCEDURE | FUNCTION 命令或文件结尾。

当程序执行到 RETURN 命令时，控制将转回到调用程序(或命令窗口)，并返回表达式的值。如果是 RETURN 命令，则在过程结束处自动执行一条隐含的 RETURN 命令。若 RETURN 命令不带<表达式>，则返回逻辑值 .T. 。

过程文件与内部过程是两个不同的概念。过程文件的一般语法格式如下：

```
PROCEDURE<过程名 1>
    <过程 1 的全部语句>
PROCEDURE<过程名 2>
    <过程 2 的全部语句>
……
PROCEDURE<过程名 N>
    <过程 N 的全部语句>
```

Visual FoxPro 规定，在调用内部过程之前，必须先打开过程文件。打开过程文件的语句格式如下：

格式：SET PROCEDURE TO [<过程文件 1>[,<过程文件 2>,…]] [ADDITIVE]

打开一个或多个指定的过程文件。一旦一个过程文件被打开，那么该过程文件中的过程都可以被调用。

如果选用不带任何文件名的 SET PROCEDURE TO 命令，将关闭所有打开的过程文件。在主程序执行结束之前关闭打开的过程文件。关闭过程文件的命令格式如下：

格式：CLOSE PROCEDURE<过程文件名 1>[,<过程文件名 2>,…]或者 RELEASE PROCEDURE<过程文件名 1>[,<过程文件名 2>,…]

3)带参数的过程调用

在程序设计中，可以将不同的参数分别传递给同一过程，执行同一功能的操作后返回不同的执行结果，从而大大提高程序模块的通用性。

定义带参数的过程如下：

```
PROCEDURE <过程名>
    PARAMETERS <参数表>
    <命令序列>
    RETURN
    ENDPROC
```

调用带参数的过程如下：

```
    DO<过程名> WITH <参数表>
```

说明：在定义过程中出现的<参数表>又称为形参表，其中的参数一般为内存变量。在调用过程中出现的<参数表>又称为实参表，其中的参数可以是常量、已赋值变量或表达式。各参数之间用“,”分隔，形参与实参的个数应相等，数据类型应按照顺序对应相同。

调用过程时，系统会自动把实参传递给对应的形参。

4)按值传递和按地址传递

采用 DO <过程文件名>WITH<实参 1>[,<实参 2>,…]格式调用程序时，如果实参是常量或一般的表达式，系统会计算出实参的值，并把它们赋值给相应的形参变量。这种方式称为按值传递。如果实参是变量，那么传递的将不是变量的值，而是变量的地址。实际上形参和实参使用的内在地址是相同的，在过程中对形参变量进行值的改变，同样会反映到实参变量中。这种方式称为按引用传递或按地址传递。

采用<文件名>|<过程名>(<实参 1>[,<实参 2>,…])调用过程程序时，默认情况下都是以按值方式传递参数。如果实参是变量，可以通过 SET UDFPARMS 命令设置参数传递的方式。该命令的格式如下：

SET UDFPARMS TO VALUE | REFERENCE

说明：

①TO VALUE　按值传递。形参变量值的改变不会影响实参变量的取值。

②TO REFERENCE　按引用传递。形参变量值的变化影响实参变量值的取值。

考核评价

评价内容	按要求 完成任务情况(60 分)	自我评定(20 分)	同学评定(20 分)
得分			
合计			

任务 7-5 用户自定义函数

工作任务

计算 3 个数的阶乘之和，即 $X!+Y!+Z!$，其中 $N!=1\times2\times3\times\cdots\times N$。

任务实施

在窗体对象上添加一个方法“uf_fact”，用于计算。

1. 建立表单并设置控件属性

选择“新建”表单，进入表单设计器，在表单上添加一个 Form 控件、两个 Label 控件、一个 TextBox 控件和两个 CommandButton 控件。各控件属性设置见表 7-3 所列，界面设计如图 7-9 所示。

表 7-3　计算阶乘之和

对象名	控件类型	属　性	取　值
Form1	Form	Caption	计算 1 到 *N* 阶乘之和
Label1	Label	Caption	请输入数值：
Label2	Label	Caption	
Text1	TextBox		
Command1	Command	Caption	计算
Command2	Command	Caption	退出

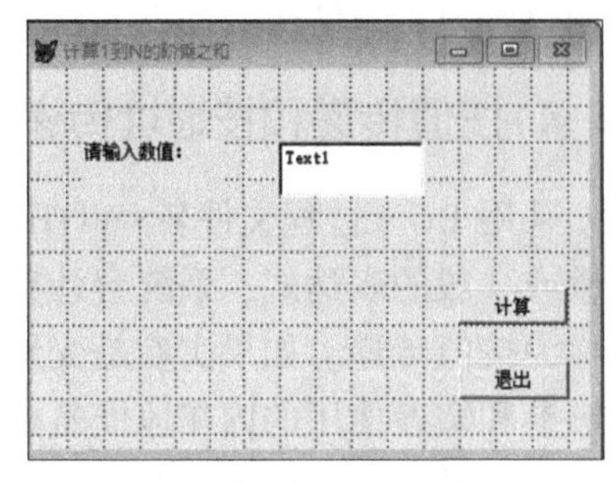

图 7-9　计算阶乘之和界面

2. 添加新方法

单击系统主菜单中"表单"→"新建方法程序"命令。打开"新建方法程序"对话框，如图 7-10 所示。在"名称"文本框中输入自定义方法的名称"uf_fact"，然后在"说明"框中输入新方法的简单描述，描述内容是可选择的。

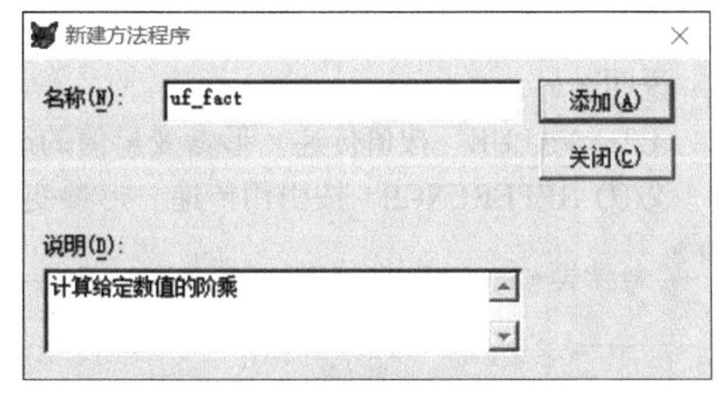

图 7-10　"新建方法程序"对话框

单击"添加"按钮，再单击"关闭"按钮，退出"新建方法程序"对话框。此时，在"属性"窗口的"方法程序"选项卡中可以看到新建的方法及其说明。

3. 编写自定义方法的代码

编写自定义方法的方式与编写对象的其他方法的方式一样，通过双击属性窗口中的新方法"uf_fact"，或直接在代码窗口中从"过程"下拉列表中选择方法"uf_fact"，即可开始编写新的方法代码，具体如下：

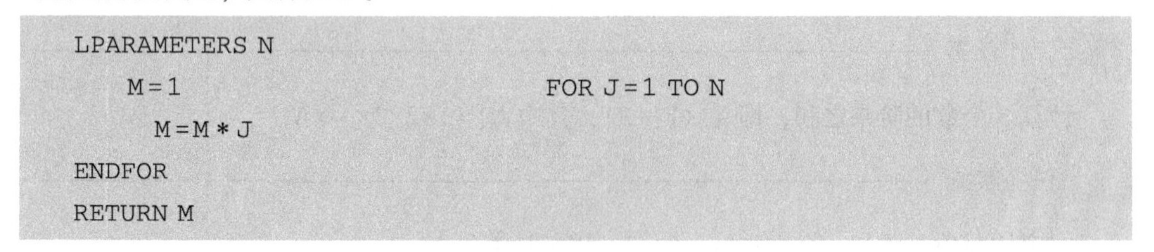

```
LPARAMETERS N
    M=1                               FOR J=1 TO N
      M=M*J
ENDFOR
RETURN M
```

4. 编写命令按钮 Command1 的 Click 事件

```
n=VAL(ALLTRIM(THISFORM.text1.Value))
s=0
```

```
    FOR I=1 TO N
      S=S+THISFORM.uf_Fact(I)
    ENDFOR
    ThisForm.Label2.caption="1 到"+ALLTRIM(STR(N))+ "的阶乘之和是:"+
ALLTRIM(STR(S))
```

知识链接

1. 用户自定义函数

在 Visual FoxPro 中，函数与过程相似，但函数除了执行一组操作进行计算外，还返回一个值。函数有两大类：内部函数和用户自定义函数。

用户自定义函数的格式如下：

FUNCTION <数名>

[PARAMETERS <表>]

<语句序列>

[RETURN <expr>]

ENDFUNC

Visual FoxPro 子程序中的结构分为过程、函数及方法 3 类。方法是 Visual FoxPro 中一种新式的编程方式——它是在一个对象中的子程序。

Visual FoxPro 是面向对象程序设计系统，使用 Visual FoxPro 设计的程序一般都是可视化的程序，即采用控件进行编程，所以方法是 Visual FoxPro 中比较重要的一种子程序。

方法与过程和函数一样可以以值或地址方式传递参数，并且可以具有返回值，具备了过程和函数的所有功能和优点。与过程、函数不同的是，方法是对象的一个成员，与对象是密不可分的，即当对象存在并使用时方法才能被访问。

Visual FoxPro 的方法分为两类：内部方法和用户自定义方法。内部方法是 Visual FoxPro 针对对象预定义的子程序，用户可以直接调用或修改后使用。

1）用户自定义方法的建立和使用

自定义方法的建立范围有两个步骤：方法的定义和编写方法的代码。

方法的命名遵循变量命名的规则，具体如下：

①使用字母、汉字或下划线作为方法名称开头。

②只能使用字母、汉字、下划线和数字。

③名称的长度可以是 1~128 个字符。

④避免使用 Visual FoxPro 的保留字。

另外，还应注意，方法命名不能与变量、数组名称相同，并且最好与方法实现的功能相对应。

2）参数的传递

自定义方法的参数与过程中的命令格式一样，如想要使方法能够接收参数，只需在方法代码的开始增加以下命令格式：

PARAMETERS <形参表>

或

LPARAMETERS <形参表>

调用时使用括号将实参括起来：

对象名，方法名(<实参表>)

2. 变量作用域

当程序使用函数或过程作为子程序来设计时，清楚作用域尤其重要。必须确切地声明变量、定界变量的作用范围，否则在子程序中修改某些变量的值时，可能很难找到出错的地方。

在 Visual FoxPro 中，如果以变量的作用域来区分，内存变量可以分为局部变量、全局变量和私有变量 3 类。

1）局部变量

局部变量必须使用 LOCAL 关键字来说明，可使用该关键字定义局部内部变量和数组。

局部变量只在当前定义的程序中有效，一旦该程序执行完成将自动释放局部变量，而且局部变量必须先建立再使用，否则系统会认为创建的是私有变量。

格式：LOCAL <内存变量表>

2）全局变量(公共变量)

全局变量必须使用 PUBLIC 关键字来说明，可使用该关键字来定义局部内部变量和数组。全局变量在所有数组中都有效。

该变量一旦建立就一直有效，即使程序运行结束仍然不会消失，只有当执行了 CLEAR 、MEMORY、RELEASE、QUIT 等清除内存变量命令后，全局变量才被从内存中释放。

3）私有变量

自由创建的内存变量称为私有变量，也就是说，在程序中直接使用的(没有使用 PUBLIC、LOCAL 命令事先声明)而由系统自动隐含建立的变量都是私有变量。其作用域是建立它的模块及其下属的各层模块。一旦建立它的模块程序运行结束，私有变量将自动清除。

3. 程序的调试

程序设计完成之后，除了比较简单的程序之外，很少有一次运行成功的，在编译运行时，会发现它有很多错误，或不能像预期的那样工作。通常程序中可能出现3种类型的错误：编译错误、运行错误和逻辑错误。用户需要知道如何找到这些错误并改正它们，可以使用Visual FoxPro提供的调试工具进行调试。

1）调试器窗口

在Visual FoxPro主菜单下，打开“工具”菜单，选择“调试器”，打开“调试器”窗口，如图7-11所示。

“调试器”窗口中的主要菜单命令如下：

打开：用来在“跟踪”窗口中打开一个PRG、FXP或MPR文件。

取消：取消一个已挂起程序的执行。

断点：用来打开相应的对话框，以便设置和清除断点。

调速：弹出一个调整执行速度的对话框，用以设置程序执行的延迟时间。

运行：在“跟踪”窗口中开始执行程序。

跳出：跳出当前的程序执行，返回到上级调用程序。

单步跟踪：使程序每次只执行一行。

运行到光标处：将“跟踪”窗口中调用的程序运行到当前光标处。

“调试器”窗口工具栏中各按钮的含义如下：

“跟踪”窗口：主要用于打开程序、设置断点、跟踪程序的执行等。

“监视”窗口：主要用于监视程序中的已设置变量的变化。

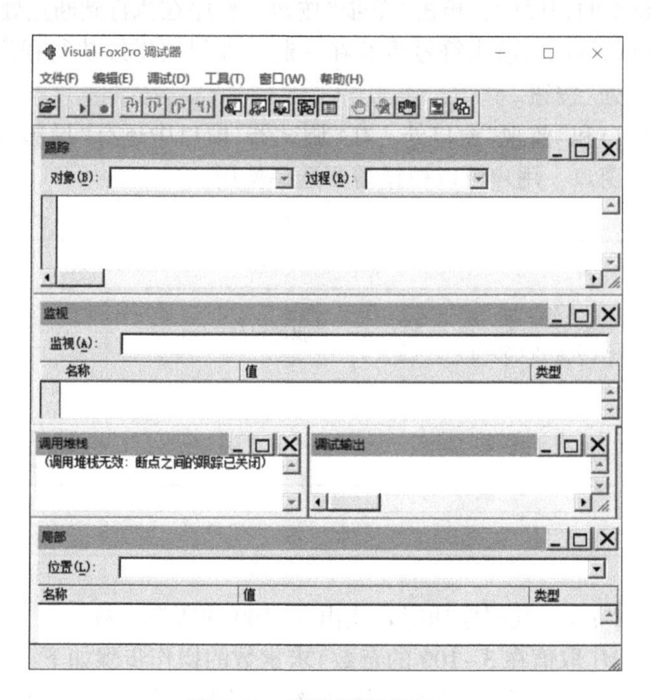

图7-11　“调试器”窗口

2）调试器的应用

下面简要说明调试工具的使用。操作步骤如下：

①打开“工具”菜单，选择“调试器”，打开“调试器”窗口。如果没有出现需要的窗口，可打开“调试器”窗口中的“窗口”菜单，在其中选择需要的窗口。

②单击“打开”按钮，弹出“添加”对话框，在其中选择需要进行调试的程序名，确认后在“跟踪”窗口中显示出要调试的程序。

③在“跟踪”窗口中可以设置断点，当程序执行到断点处时，将暂停执行，以便用户观察。用鼠标双击要设置断点的程序行或按空格键都可以设置断点。设置断点后，将会在程序行的左边出现一个红色的圆点。在设置了断点的程序行处再次双击鼠标或按空格键都可以取消断点设置。

④在“监视”窗口中可以监视程序中的变量、函数和表达式的值和变化。在“监视”栏中输入变量名、函数和表达式，每输入一个表达式后都要按回车键，Visual FoxPro 将进行语法检查并在下面的“监视”窗口中显示变量的值。当给变量赋新值时，Visual FoxPro 将更新窗口的显示。

在“监视”窗口程序的调试过程中将看到变量值的变化。

⑤单击“跟踪”按钮，系统从程序的第一行开始执行，每次单击“跟踪”按钮，系统依次执行一行程序。在“跟踪”窗口中的左边可看到一个黄色的箭头，它随着程序的执行不断移动。

⑥在设置有断点的程序中，单击“单步”按钮，程序在执行到断点处时将停止执行。这时红色的断点符号和黄色的箭头符号重叠在一起。如果要继续执行程序，可单击“继续执行”或“运行到光标处”按钮。

除了“跟踪”窗口和“监视”窗口外，在“调试器”窗口中还有“局部”窗口、“调用堆栈”窗口和“调试输出”窗口，用户可以根据需要选择使用。

考核评价

评价内容	按要求 完成任务情况(60 分)	自我评定(20 分)	同学评定(20 分)
得分			
合计			

巩固训练

1. 编写程序 P1. prg，其程序功能是找出 3～100 的所有素数。

对一个自然数 M(取值在 3～100 的奇数)求素数的操作步骤如下：将 M 依次除以 3～M 的算数平方根之间的所有奇数，若均不能被整除，则 M 为素数；否则 M 不是素数。运行结果如图 7-12 所示。

2. 编写程序 P2. prg，其程序功能是用带参调用方法计算梯形的面积，如图 7-13 所示。

3. 编写程序 P3. prg，其程序功能是使用多重循环打印一个九九乘法口诀表，运行结果如图 7-14 所示。

```
3~100之间的所有素数:

   3     5     7    11    13
  17    19    23    29    31
  37    41    43    47    53
  59    61    67    71    73
  79    83    89    97
```

图 7-12　求 3~100 的所有素数

```
输入梯形的上底边:15

输入梯形的下底边:20

输入梯形的高:8

所求梯形的面积为:140
```

图 7-13　计算梯形面积

```
1*1= 1
2*1= 2   2*2= 4
3*1= 3   3*2= 6   3*3= 9
4*1= 4   4*2= 8   4*3=12   4*4=16
5*1= 5   5*2=10   5*3=15   5*4=20   5*5=25
6*1= 6   6*2=12   6*3=18   6*4=24   6*5=30   6*6=36
7*1= 7   7*2=14   7*3=21   7*4=28   7*5=35   7*6=42   7*7=49
8*1= 8   8*2=16   8*3=24   8*4=32   8*5=40   8*6=48   8*7=56   8*8=64
9*1= 9   9*2=18   9*3=27   9*4=36   9*5=45   9*6=54   9*7=63   9*8=72   9*9=81
```

图 7-14　九九乘法口诀表

项目8 菜单设计与应用

学习目标

知识目标

1. 了解制作登录表单的流程；
2. 了解菜单结构及系统菜单；
3. 掌握菜单创建的方法；
4. 掌握下拉式菜单设计方法；
5. 掌握快捷菜单设计方法。

技能目标

1. 会制作含菜单的主表；
2. 会制作菜单；
3. 会使用相应设计器制作子表单；
4. 会定制工具栏。

素质目标

1. 培养学生爱国、爱岗、敬业、诚实、守信、高效、协作、精益求精等职业道德与素质；
2. 培养学生的工匠精神；
3. 培养学生发现问题、解决问题的能力。

任务8-1 创建快速菜单

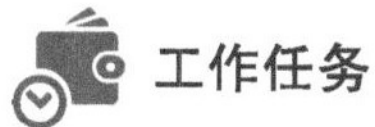

工作任务

建立快速菜单（图8-1），只保留“文件”“编辑”“程序”“帮助”4项，以文件名qmenu保存并生成菜单程序，运行界面如图8-2所示。

任务实施

①“文件”→“新建”命令，创建新菜单，打开“菜单设计器”窗口。

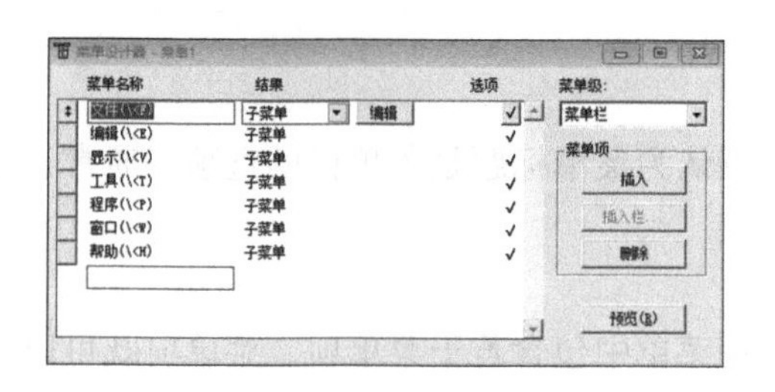

图 8-1　快速菜单

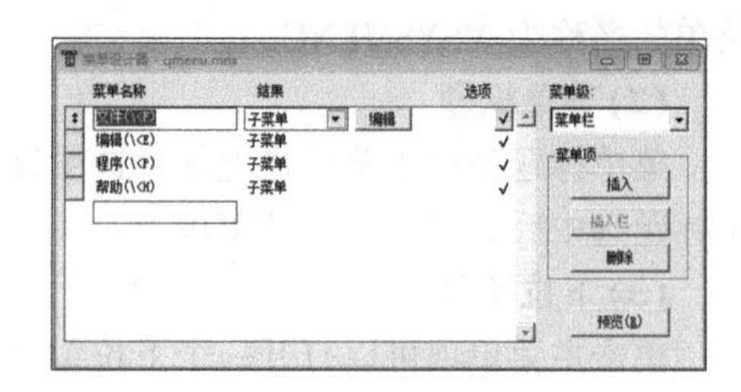

图 8-2　运行界面

②选择“菜单”→“快捷菜单”→右键删除不需要的命令→预览→保存→生成菜单→运行菜单。

知识链接

1. 菜单简介

Visual FoxPro 中的菜单分为下拉式菜单和快捷菜单两种。下拉式菜单一般由菜单栏和菜单项两部分组成；快捷菜单又称弹出式菜单，是当用户在选定的对象上右击时出现的菜单。

1）下拉式菜单

各个应用程序菜单的具体内容可能是不同的，但其基本结构是相同的。菜单一般由主菜单(包括菜单栏和菜单标题)、子菜单(包括弹出菜单和菜单选项)等组成。如果需要，还可以设计多级子菜单。菜单的基本组成如图 8-3 所示。

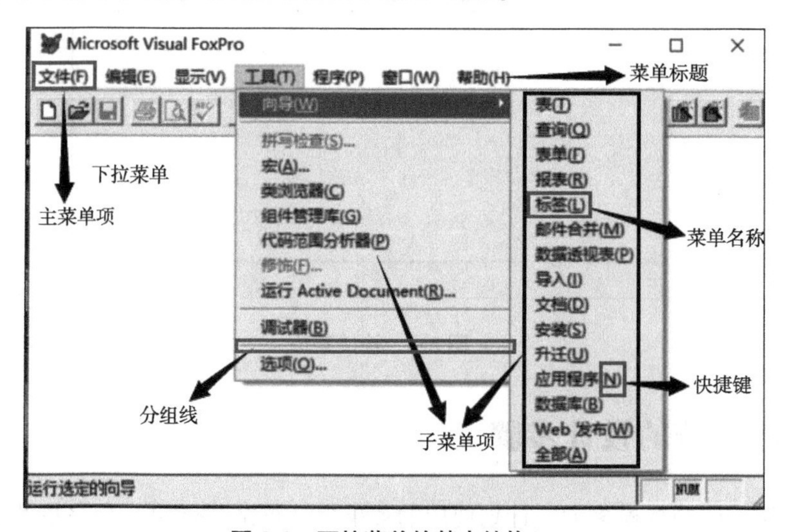

图 8-3　下拉菜单的基本结构

(1) 菜单栏

菜单栏也称主菜单，一般在屏幕的顶部。菜单栏包含若干可供选择的项目，即菜单标题。应该对每个菜单栏定义一个名称，以便在程序中进行引用，如 Visual FoxPro 6.0 系统菜单的名称为_MSYSMENU。

(2)菜单标题

菜单标题是位于菜单栏上的可选项目，可以认为菜单标题是菜单栏的选项。通常，菜单标题选中后，将出现下拉菜单。

(3)下拉菜单

单击主菜单项可以打开一个下拉菜单，下拉菜单中包含若干菜单项。菜单项既可以对应一个命令或程序，也可以对应一个子菜单。

(4)子菜单

在下拉菜单中用鼠标或键盘移动到带右向箭头的下拉菜单项时，会自动弹出子菜单。子菜单可以对应一个命令或程序，也可以对应一个子菜单，从而形成多级菜单系统。

(5)菜单分组线

对于特殊的菜单选项，在下拉菜单中，可以用分组线对逻辑或功能紧密相关的菜单项分组，使之层次分明。

2）快捷菜单

快捷菜单就是右键弹出式菜单，一般属于某个界面对象(如表单或表单上的控件)。当用鼠标右击该对象时，就会在单击处弹出快捷菜单。快捷菜单通常列出与处理对象有关的一些功能命令，如图 8-4 所示。

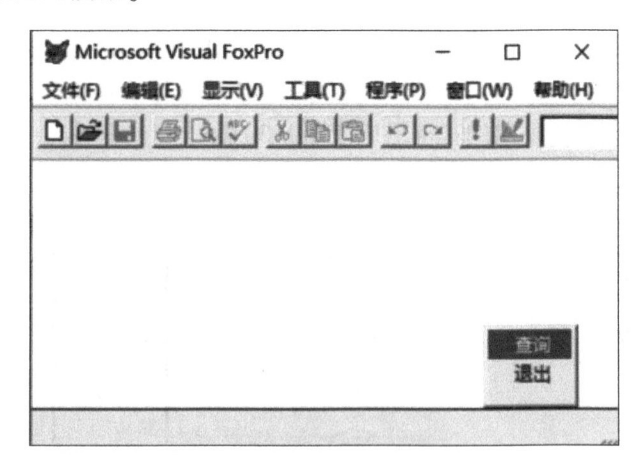

图 8-4 快捷菜单

2. 菜单系统的设计步骤

无论应用程序的规模多大、计划使用的菜单多么复杂，创建一个完整的菜单系统都需要进行以下步骤：①规划系统，确定需要哪些菜单、菜单出现在界面中的位置，以及哪几个菜单要有子菜单等。②利用“菜单设计器”创建菜单及子菜单。③指定菜单所要执行的任务，如显示表单或对话框等。④单击“浏览”按钮预览整个菜单系统。⑤选择“菜单”→“生成”命令，生成菜单程序以及运行某菜单程序，对菜单系统进行测试。⑥选择“菜单”→

“执行”命令，执行已生成的 MPR 程序。

下面分别加以论述。

1）系统规划

设计菜单系统时，首先要做好规划，充分考虑用户的使用习惯、操作的方便性以及通用的菜单设计模式，使自己设计出来的菜单系统美观、方便，便于用户掌握和接受。设计菜单时通常要遵循以下几项基本原则：

①根据系统要完成或达到的目的来组织菜单系统。

②为每个菜单项指定一个有意义、简洁、准确的名字。

③根据使用频率、逻辑顺序或者字母顺序组织菜单中的菜单项。

④按照功能相近的原则，将菜单项进行逻辑分组，并在需要时将大组分成更小单位的组。

⑤菜单中的各项尽可能在一个屏幕中展示出来。

2）使用菜单设计器创建菜单

使用菜单设计器进行菜单的设计。菜单设计器是 Visual FoxPro 提供的可视化菜单设计工具，既可以定制已有的 Visual FoxPro 菜单系统，也可以开放用户自己的菜单系统。

打开菜单设计器的方法有以下几种：

①在“常用”工具栏上点击“新建”按钮，从“文件类型”列表中选择“菜单”选项，然后单击“新建文件”按钮，出现“新建菜单”对话框，如图 8-5 所示。

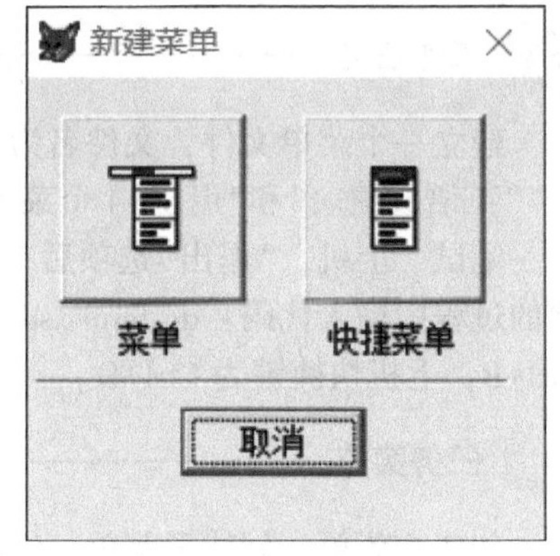

图 8-5　新建菜单

②选择菜单“文件”→“新建”命令。

③通过项目管理器。即从项目管理器中单击“菜单”选项，然后单击“新建”按钮。

④使用命令 MODIFY MNEU <菜单名>，可以打开菜单设计器窗口，创建文件名为“菜单名”，扩展名为 . mnx 的菜单文件。

在 Visual FoxPro 中可以创建两种形式的菜单：一种是普通菜单；另一种是快捷菜单。在如图 8-5 所示的“新建菜单”对话框中，单击“菜单”或“快捷菜单”按钮，都可以打开菜单设计器，分别创建下拉式菜单与快捷菜单。

3）预览

在设计菜单时，可以随时单击“预览”按钮观察设计的菜单和子菜单，但此时不能执行菜单代码。

4）生成菜单程序文件

当通过菜单设计器完成菜单设计后，系统只生成了菜单文件(. mnx)，而 MNX 文件是不能直接运行的，必须将 MNX 菜单文件生成为 MPR 菜单程序，然后执行该菜单程序。

要生成菜单程序(. mpr)，应选择系统菜单栏的“菜单”→“生成”命令。如果用户是通过项目管理器生成菜单，则在项目管理器中单击“连编”或“运行”按钮时，系统将自动生成菜单程序。

5）执行菜单

选择菜单“程序”→“执行”命令，然后执行已生成的 MPR 程序，或用命令 DO<菜单文件名>. mpr，运行菜单程序文件。

考核评价

评价内容	按要求 完成任务情况(60 分)	自我评定(20 分)	同学评定(20 分)
得分			
合计			

任务 8-2 使用菜单设计器创建菜单

工作任务

建立一个菜单文件，文件名为“学生成绩”，主菜单包含“学生登记表”“计算机成绩表”“英语成绩表”和“退出”4 个菜单选项，在“学生成绩”选项下面创建子菜单，分别为学号、笔试、上机。“退出”选项后在命令选项输入：set sysmenu to default。在学生登记表选项的过程中输入代码：do form xsdb. scx。为学号菜单项定义快捷键 Ctrl+A，笔试快捷键为 Ctrl+B，上机快捷键为 Ctrl+D。

任务实施

创建主菜单→创建子菜单→编写代码→保存菜单→生成菜单→运行菜单。

知识链接

1. 创建主菜单

主菜单其实就是菜单文件的一部分，是建立菜单文件的最初操作，它包含菜单文件中各菜单选项的名称。

创建主菜单，可以通过 CREATE MENU<菜单名>命令创建，也可以通过“菜单设计器”来完成。操作步骤如下：

①选择菜单“文件”→“新建”→“菜单”选项按钮，单击“新建文件”按钮，进入“新建菜单”对话框。

②在“新建菜单”对话框中单击“菜单”按钮，进入“菜单设计器”窗口。

③在“菜单设计器”窗口定义主菜单中各菜单选项名。

④保存菜单文件→生成菜单文件→运行菜单文件。

2. 创建子菜单项

创建子菜单，实际上是给主菜单定义子菜单选项。创建子菜单，同样要在“菜单设计器”窗口中完成。操作步骤如下：

①打开菜单，进入“菜单设计器”窗口。

②在“菜单设计器”窗口，选择主菜单选项中的一个，再单击“编辑”按钮，进入“菜单设计器”子菜单编辑窗口。

③在“菜单设计器”子菜单编辑窗口，分别定义主菜单选项中各子菜单选项名。

④保存菜单文件，结束创建子菜单的操作。

3. 定义菜单项功能

菜单选项设计完成后，还要给每个菜单选项指定功能，菜单设计工作才完成。菜单选项的功能可以是子菜单、命令或过程。给主菜单的选项中各个子菜单项指定功能，也是在“菜单设计器”窗口中进行。操作步骤如下：

①打开菜单，进入“菜单设计器”窗口。

②在“菜单设计器”窗口选择主菜单选项中的一个选项，再单击“编辑”按钮，进入“菜单设计器”子菜单编辑窗口。

③在“菜单设计器”子菜单编辑窗口，选择子菜单选项中的一个选项，确定它的功能。

④保存菜单文件，结束子菜单选项功能的确定。

4. 定义快捷键

在“菜单设计器”窗口中，选中要定义快捷键的菜单栏，在“选项”下出现一个无名的按钮。单击该无名按钮，出现“提示选项”对话框，按照对话框中的提示信息，将光标置于“快捷方式”框下的“键标签”文本框中，输入要定义的快捷键。例如，要给“学生管理”菜单项定义快捷键 Alt+R，需要将光标置于“快捷方式”框下的“键标签”文本框中，按下 Alt+R，定义完成后，单击“确定”按钮。按同样的方法给每一个菜单项定义快捷键。

5. 添加系统菜单项

打开菜单，进入“菜单设计器”窗口，在菜单项中单击“插入”或“删除”按钮可以进行添加新菜单项或删除已有菜单项操作。菜单设计好后，单击“菜单设计器”的“关闭”按钮，会弹出对话框，提示“要将所做更改保存到菜单设计器菜单 1 中吗?”，单击“是”按钮，将出现“另存为”对话框。指定保存的位置，输入菜单文件名如“学生成绩”。如果不指定菜单文件名，系统将给出一个默认的菜单文件名，如第 1 次为“菜单 1”。“保存类型”为菜单，扩展名为 . mnx。在系统菜单中选择菜单“菜单”→“生成”命令，单击“生成”按钮，这时在指定的文件夹中便生成了菜单程序文件“学生成绩 . mpr”。

注意：这时生成的文件名的扩展名为 . mpr 和 . mpx，这两个文件可以用 DO 命令调用执行，如 DO D:\ 学生管理\ 学生成绩 . mpr。

说明：用 DO 命令调用执行程序文件时，可直接加调用的文件名，如 DO 学生成绩 . mpr，但要通过菜单“工具”→“选项”命令，选择“文件位置”选项卡中的“默认目录”修改设置默认目录，否则必须指定保存所在的目录位置。在“程序”菜单中选择“运行”命令，可以运行此程序。

6. 菜单项的相关设计

1）菜单项分组

为增强可读性，可使用分隔线将内容相关的菜单项分隔成组。例如，在 Visual FoxPro 的“编辑”菜单中，就有一条线把“撤消”“重做”命令与“剪切”“复制”“粘贴”“选择性粘贴”“清除”命令分隔开。

将菜单项分组(即显示一条分隔线)的方法是：

①在空的“菜单名称”栏中输入符号“\ -”便可以创建一条分隔线。

②拖动“-”提示符左侧的按钮，将分隔线移动到正确的位置即可。

③在要插入分隔线的位置插入一个新的菜单项，然后直接输入符号“\ -”。

2）指定访问键

设计良好的菜单都具有访问键，从而可以通过键盘快速地访问菜单的功能。在菜单标题或菜单项中，访问键用带有下划线的字母表示，如 Visual FoxPro 的“文件”菜单使用“F”作为访问键。

如果要定义访问键，只需要在菜单项名称的任意位置输入“\ <”，然后输入作为访问键的字母。例如，对菜单项“打印”定义字母 P 为访问键，则输入“打印\ <P”。

注意：如果菜单系统的某个访问键不起作用，则可能在整个菜单中定义了重复的访问键。

3）指定键盘快捷键

除了指定访问键以外，还可以为菜单项指定键盘快捷键。访问键与键盘快捷键的区别是：使用快捷键可以在不显示菜单的情况下使用按键直接选择菜单中的一个菜单项。

快捷键一般是 Ctrl 或 Alt 键与一个字母键构成的组合键。例如，在 Visual FoxPro 中，按 Ctrl+N 组合键可在 Visual FoxPro 中打开“新建”对话框创建新文件。

为菜单项指定快捷键的方法如下：

①选择或将光标定位在要定义快捷键的菜单标题或菜单项。

②用鼠标单击“选项”栏中的按钮，打开如图 8-6 所示的“提示选项”对话框。

③在“键标签”文本框中按下组合键(没有定义快捷键时该框显示“按下要定义的键”)，可立刻创建快捷键。注意：是直接按组合键，而不是逐个输入字符。

④在“键说明”文本框中，输入希望在菜单项旁边出现的文本(默认是快捷键标记，建议不要更改)。

图 8-6　“提示选项”对话框

⑤单击“确定”按钮，快捷键定义生效。

注意：Ctrl+J 组合键是无效的快捷键，因为在 Visual FoxPro 中经常将其作为关闭某些对话框的快捷键。

4）启用和废止菜单项

在设计应用程序时经常会有菜单并不总是有效的，所以在设计菜单时可以为这样的菜单项指定一个“跳过”表达式，即当表达式为“真”时，该菜单项被跳过（即废止菜单项），而当表达式为“假”时，菜单项有效(即启用菜单项)。

可以在图 8-6 所示的“提示选项”对话框中设置“跳过”表达式，直接在“跳过”框中输入一个逻辑表达式；也可以单击右侧的按钮打开表达式生成器来建立“跳过”的逻辑表达式。

5）指定提示信息

当鼠标移动到菜单项上时，在屏幕底部的状态栏中可以显示对菜单项的详细提示信息。可以在图 8-6 所示“提示选项”对话框的“信息”框中输入菜单项的详细提示信息。

7. 显示菜单中选项设置

当菜单设计窗口处于活动状态时，在系统“显示”菜单中新增加两个选项，即常规选项与菜单选项。

1）常规选项

常规选项英文是 General Option，意思是通用选项，用于对整个菜单系统进行设置。“常规选项”对话框如图 8-7 所示。

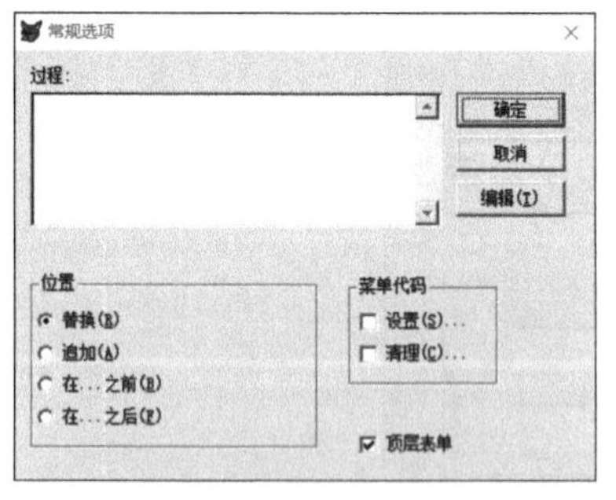

图 8-7 “常规选项”对话框

对话框主要由以下几个部分组成：

(1)“过程”编辑框

这不是必需的，仅当某菜单项的结果被定义为过程，而又没有编辑相应的过程代码时，才使用在此输入的过程代码。

(2)“编辑”按钮

单击此按钮将打开一个编辑窗口，输入通用过程的代码。

(3)“位置”区

包括以下 4 个单选按钮：

①替换　将现有的菜单系统替换成新的用户定义的菜单系统。

②追加　将用户定义的菜单附加在现有菜单的后面。

③在…之前　将用户定义的菜单插入到指定菜单的前面。

④在…之后　将用户定义的菜单插入到指定菜单的后面。

(4)“菜单代码”区

包括两个复选框：

①设置　菜单系统的 Init 代码。选中这一项将打开一个编辑窗口，从中可为菜单系统加入一段初始化代码，用于定义初始变量、设置菜单工作环境等。要进入打开的编辑窗口，单击“确定”按钮关闭本对话框。

②清理　菜单系统的 Destroy 代码。选中这一项将打开一个编辑窗口，从中可为菜单系统加入一段结束代码，如释放变量、恢复环境等。要进入打开的编辑窗口，单击“确定”按钮关闭对话框。

(5)“顶层表单”复选框

如果选定该复选框，将允许该菜单在顶层表单中使用；如果未选定，则只允许在 Visual FoxPro 窗口中使用该菜单。

2）菜单选项

当选中菜单中的某菜单项时，选择菜单“显示”→“菜单选项”命令，出现如图 8-8 所示的“菜单选项”对话框。

(1)名称

名称指当前菜单项名称。

(2)过程

过程显示当前菜单项的默认过程，可以通过“编辑”按钮进行编辑，它不是必需的。

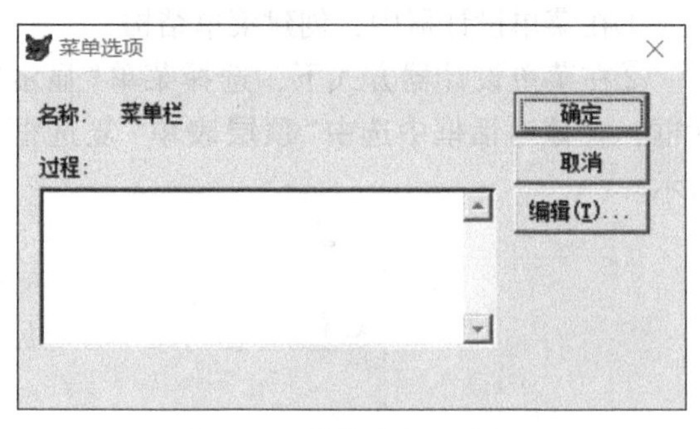

图 8-8　“菜单选项”对话框

3）引入系统菜单

利用“常规选项”对话框中的“位置”区域的4个单选按钮，能够将全部系统菜单、部分系统及系统单中的菜单项加入用户菜单，也可以将Visual FoxPro的许多功能直接引入用户系统中，以简化编程，提高应用系统功能。

考核评价

评价内容	按要求 完成任务情况(60分)	自我评定(20分)	同学评定(20分)
得分			
合计			

任务8-3　在顶层表单中设计菜单

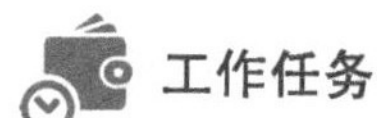

工作任务

创建一个顶层表单myform. scx，表单的标题为“考试”；然后在表单中添加菜单，菜单的名称为mymenu. mnx，菜单程序的名称为mymenu. mpr。菜单命令“统计”和“退出”的访问键分别为“T”和“R”。菜单命令“退出”的功能是释放并关闭表单。

任务实施

建立菜单结构→显示→常规选项→勾选“顶层表单”复选框→设置表单的ShowWindow属性值为2→编写init调用菜单程序→生成菜单→运行菜单。

知识链接

一般情况下，生成的下拉菜单将出现在Visual FoxPro窗口中，如果希望菜单出现在自己设计的表单上，必须要设置菜单的顶层表单(SDI)属性。同时，在顶层表单中也必须进行相应的设置，以调出菜单系统。

在顶层表单中设计菜单的步骤如下：

①在菜单设计器中，创建菜单结构。

②在菜单设计器方式下，选择菜单“显示”→“常规选项”命令，出现“常规选项”对话框，在该对话框中选中“顶层表单”复选框，将菜单定位于顶层表单之中，如图 8-9 所示。

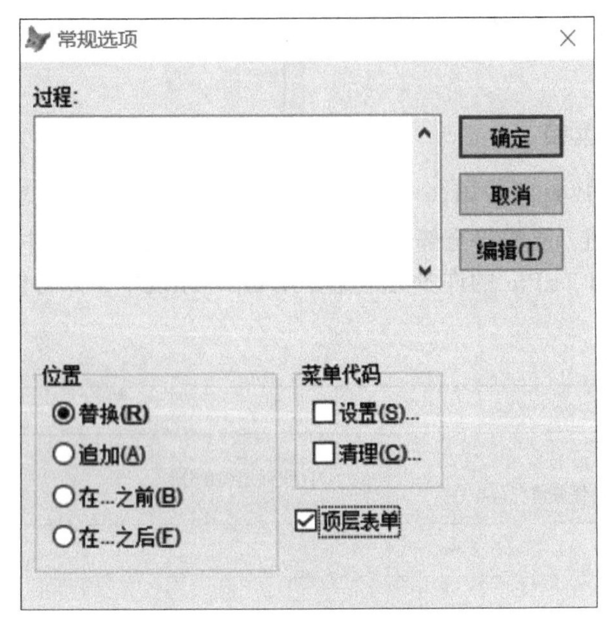

图 8-9　选中“顶层表单”复选框

③将表单的 ShowWindow 属性值设置为 2，使其成为顶层表单。

④在表单的 Init 事件代码中添加调用菜单程序的命令，格式如下：

DO<文件名>WITH This[,“<菜单名>”]

<文件名>指定被调用的菜单程序文件，其中的扩展名 .mpr 不能省略。This 表示当前表单对象的引用。通过<菜单名>可以为被添加的下拉式菜单的条形菜单指定内部名字。

⑤在表单的 Destroy 事件代码中添加清除菜单的命令，使得在关闭表单时能同时清除菜单，释放其所占用的内存空间。命令格式如下：

RELEASE MENU<菜单名>[EXTENDED]

其中 EXTENDED 表示在清除条形菜单时同时清除其下属的所有子菜单。

 考核评价

评价内容	按要求 完成任务情况(60 分)	自我评定(20 分)	同学评定(20 分)
得分			
合计			

任务 8-4 创建快捷菜单

工作任务

①设计一个包含有“新建”“打开”“保存”“另存为”“页面设置”“打印预览”“打印”和“退出”共8个菜单项的快捷菜单。

②建立一个名为 menu_quick 的快捷菜单，菜单中有两个菜单项“查询”和“修改”。然后在表单 myform 中的 RightClick 事件中调用快捷菜单 menu_quick。

任务实施

①新建菜单→快捷菜单→插入栏→关闭→保存→生成菜单文件→运行菜单。

②新建菜单→快捷菜单→输入菜单名分别为查询和修改→生成→运行菜单。

知识链接

快捷菜单设计完成后，首先将其生成为菜单程序文件，然后运行该菜单程序文件。运行快捷菜单的方法是：在要运行快捷菜单的控件或对象的 RightClick 事件中添加执行菜单程序代码。若生成的快捷菜单程序文件为 menu_quick. mpr，要在表单运行过程中调用该菜单，则在表单的 RightClick 事件中写入命令 Do menu_quick. mpr。

考核评价

评价内容	按要求 完成任务情况(60分)	自我评定(20分)	同学评定(20分)
得分			
合计			

巩固训练

1. 在“项目训练文件夹”下有“采购管理”数据库。设计一个名为“菜单1”的菜单，菜单中有两个菜单项“计算”和“退出”。

要求如下：

(1)单击“计算”菜单项，完成下列操作：查询“采购详单”表中每次采购的所有信息和采购的“采购员姓名”、采购的“商品号”“名称”和“总金额”(数量×单价格)，并按“总金额”降序排列，如果总金额相等，则按“工号”升序排列。将查询结果存入表 mytable 中。

(2)单击“退出”菜单项，程序终止运行。

2. 建立一个名为 menu_lin 的下拉式菜单，菜单中有两个菜单项“查询”和“退出”。“查询”项下还有一个子菜单，子菜单有“按姓名”和“按学号”两个选项。在“退出”菜单项下创建过程，该过程负责使程序返回到系统菜单。

3. 在“项目训练文件夹 3”下有一个名为 menu_lin 的下拉式菜单，请设计顶层表单 frmmenu，将菜单 menu_lin 加入该表单中，使得运行表单时菜单显示在本表单中，并在表单退出时释放菜单。

4. 利用表设计器在“考生文件夹”下建立表 table3，表结构如下：

字段	类型
民族	字符型(4)
数学平均分	数值型(6，2)
英语平均分	数值型(6，2)

然后在“考生文件夹”下创建一个名为 mymenu. mnx 的下拉菜单，并生成菜单程序 mymenu. mpr。运行该菜单程序，在当前 Visual FoxPro 系统菜单的末尾追加一个“考试”子菜单，如图 8-10 所示。

图 8-10　运行菜单

“考试”菜单下“计算”和“返回”命令的功能都通过执行过程完成。“计算”菜单命令的功能是根据 xuesheng 表和 chengji 表分别统计男学生和女学生数学和英语两门课程的平均分，并把统计结果保存在表 table3 中。表 table3 的结果有两条记录：第 1 条记录是汉族学生的统计数据，“民族”字段填“汉”；第 2 条记录是少数民族学生的统计数据，“民族”字段填“其他”。“返回”菜单命令的功能是恢复到 Visual FoxPro 的系统菜单。菜单程序生成后，运行菜单程序并依次执行“计算”和“返回”菜单命令。

项目9 应用系统开发

学习目标

知识目标

1. 了解应用系统开发的主要过程；
2. 掌握编译应用程序的建立方法。

技能目标

1. 会分析所建应用系统的功能；
2. 会对系统主程序进行设计；
3. 会运行并发布应用程序。

素质目标

1. 培养学生爱国、爱岗、敬业、诚实、守信、高效、协作、精益求精等职业道德与素质；
2. 培养学生的工匠精神；
3. 培养学生发现问题、解决问题的能力。

任务9-1 应用系统开发

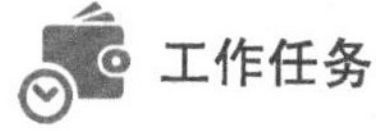

工作任务

开发“学生成绩管理系统”应用程序，其系统功能如下：

①主界面模块　包括系统登录界面和系统主界面。

②系统管理模块　包括系统简介和退出系统两部分。

③数据管理模块　包括数据维护、数据浏览和数据查询三部分。其中，数据维护包括对学生登记表的维护；数据浏览包括对计算机成绩信息的浏览；数据查询包括按院系查询和按学号查询等。

④报表打印模块　包括对学生登记表报表、计算机成绩报表和英语成绩报表的打印三部分。

⑤系统帮助模块　包括关于系统的版本号和版权信息。

任务实施

①文件→新建命令，创建数据库、表、表单、报表、菜单(编写对应代码使各模块运行)。

②设计系统主程序→系统部件的组装→系统运行→创建发布磁盘。

1. 数据库应用系统开发步骤

开发一个数据库应用系统一般包括以下步骤：需求分析，数据库设计、系统实现、系统发布和系统运行维护等。

1）需求分析

开发数据库系统是从需求分析开始的，它是系统开发非常重要的基础。只有通过软件需求分析，才能把系统功能和性能的总体概述描述为具体的软件需求规格说明，从而奠定系统开发的基础。

需求分析一般包括数据分析和功能分析。数据分析的目的是总结出系统应包括的数据，以此进行关系数据模型的数据库设计；功能分析主要是为系统功能的实现奠定基础。

开发人员首先必须明确用户的要求，即充分理解用户对软件系统最终能完成的功能及系统的可靠性、处理时间、应用范围、简易程度等具体指标的要求，并将用户要求以书面形式表达出来。所以理解用户的要求是分析阶段的基本任务。用户和软件设计人员双方都要有代表参加这一阶段的工作，详细地进行分析，双方经充分讨论达成协议并形成系统需求说明书。

2）数据库设计

在需求分析的基础上进行系统的数据库设计，一般包括概念模型设计、逻辑模型设计和物理模型设计。概念模型是数据库设计人员在认识现实世界中的客观事物及事物间的联系后进行的一种抽象，是用户与数据库设计人员进行交流的语言，它是独立于数据库管理系统的；逻辑模型是数据库系统的核心和基础，它将概念模型转化为关系数据库模型，描述了数据库中数据的整体结构；物理模型是用来描述数据的物理存储结构和存储方法，它关系到数据的存储时间、存储空间利用率和维护代价等因素。

3）系统实现

系统实现是根据数据库应用系统设计的要求，设计、编写、调试应用系统的各个功能模块程序。在该阶段，要根据系统设计的功能要求，向数据库表中输入一些原始的测试数据，通过试运行来测试数据库和表结构、应用程序的各个功能模块是否能满足应用系统的要求。若不能满足，则需要查找出具体原因，对发现的问题及时进行修改、调整，直至完全符合系统设计的要求。

4）系统发布

系统发布阶段的工作主要有两个方面：对数据库应用系统中的各个功能模块文件进行项目连编，将源程序代码等编译连接，生成一个可执行的应用系统软件；整理相关的文档资料，并将连编生成的应用系统软件一起发布，交付使用。

5）系统运行维护

系统投入使用后，还要进行定期的系统维护。在硬件方面，包括定期的预防性维护和突发性故障维护；在软件方面，主要是对程序的维护，包括纠正错误和系统改进等。系统的定期维护可以保证系统自始至终处于正常的运行状态。

2. 学生成绩管理系统

下面详细介绍“学生成绩管理系统”的完整开发过程。

1）系统功能分析

本系统主要用于学生成绩管理，主要对学生成绩进行管理，如查询、修改、增加、删除，应针对这些要求设计学生成绩管理系统。该系统主要包括系统管理、数据管理、报表打印和系统帮助四部分。

①系统管理部分　主要是对该系统进行简单的介绍及完成退出该系统的功能。

②数据管理部分　主要是完成对学生成绩信息的操作，包括维护、浏览和查询。

③报表打印部分　主要是完成对学生登记表报表、计算机成绩报表和英语成绩报表的打印功能。

④系统帮助部分　主要是显示该系统的版本号和版权的信息。

2）系统功能模块设计

根据系统功能分析，本系统的功能分为以下五大模块：

①主界面模块　包括系统登录界面和系统主界面。

②系统管理模块　包括系统简介和退出系统两部分。

③数据管理模块　包括数据维护、数据浏览和数据查询三部分。其中，数据维护包括对学生登记表的维护；数据浏览包括对计算机成绩信息的浏览；数据查询包括按院系查询和按学号查询等。

④报表打印模块　该模块包括对学生登记表报表、计算机成绩报表和英语成绩报表的打印三部分。

⑤系统帮助模块　该模块包括关于系统的版本号和版权信息。

采用模块化设计思想，可以大大提高工作效率，并且可以最大限度地减少不必要的错误。

其系统功能模块如图 9-1 所示。

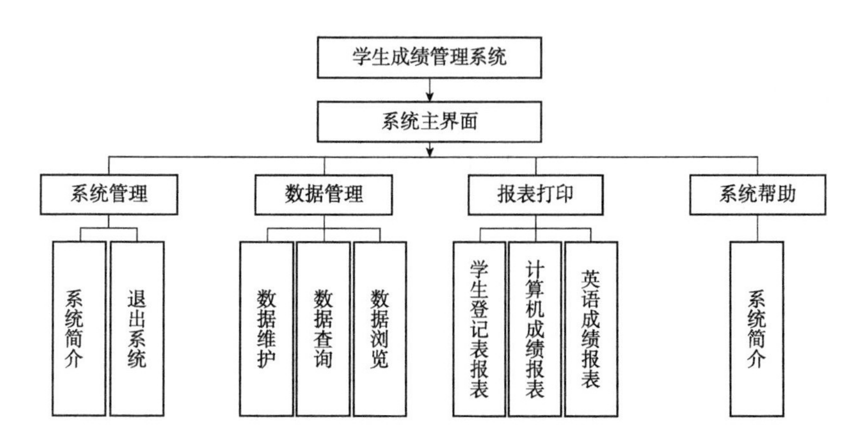

图 9-1　系统功能模块

3）系统数据库设计

在数据库应用系统的开发过程中，数据库的设计是一个重要的环节。数据库设计的好坏直接影响到应用程序的设计效率和应用效果。通过分析，该系统的数据库(成绩管理.dbc)包含以下 3 个表，每个表表示在数据库中的一个数据表：表 9-1 所列为学生登记表，表 9-2 所列为学生计算机成绩表，表 9-3 所列为学生英语成绩表。

表 9-1　学生登记表(XSDB. dbf)

字段名	字段类型	字段宽度	小数位数
学号	字符型	8	—
院系	字符型	10	—
姓名	字符型	6	—
性别	字符型	2	—
出生年月日	日期型	8	—
英语	数值型	5	1
计算机	数值型	5	1
平均分	数值型	5	1
总分	数值型	5	1
奖学金	数值型	4	1
党员否	逻辑型	1	—
备注	备注型	4	—

表 9-2　学生计算机成绩表(JSJ. dbf)

字段名	字段类型	字段宽度	小数位数
学号	字符型	8	—
上机	数值型	6	2
笔试	数值型	6	2

表 9-3　学生英语成绩表(YY.dbf)

字段名	字段类型	字段宽度	小数位数
学号	字符型	8	—
口语	数值型	6	2
写作	数值型	6	2
听力	数值型	6	2

4）系统表单设计

学生成绩管理系统的主要工作窗口是由具有不同功能的表单提供的，主要表单如下。

(1)系统主界面的设计

系统主界面的主要任务是引导用户进入系统操作，它由主程序启动，当表单运行 5 秒、用户按任意键或单击鼠标时，打开系统登录表单。系统界面如图 9-2 所示。

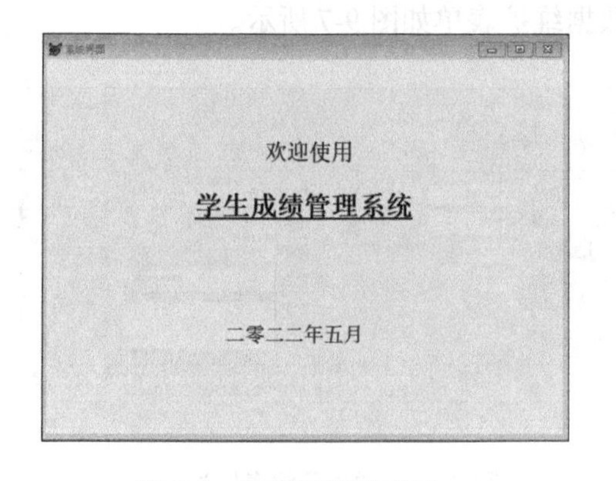

图 9-2　“系统界面”窗口

图 9-3　“系统登录”界面

在 Form1 的 Click 代码中输入下列命令：

```
thisform.release
close all
do form 系统登录 .scx
```

(2)系统登录表单的设计

系统登录表单的主要任务是输入用户名和密码，如果用户名和密码正确，则调用系统主菜单，使用户进入数据库应用系统环境。系统登录表单如图 9-3 所示。

(3)系统简介表单的设计

系统简介表单主要是对该系统进行简单的介绍，它由系统菜单中的“系统简介”菜单项启动。系统简介表单如图 9-4 所示。

(4)退出系统的设计

退出系统表单主要是完成系统的退出功能，它由系统菜单中的“退出系统”菜单项启动。退出系统命令如图 9-5 所示。

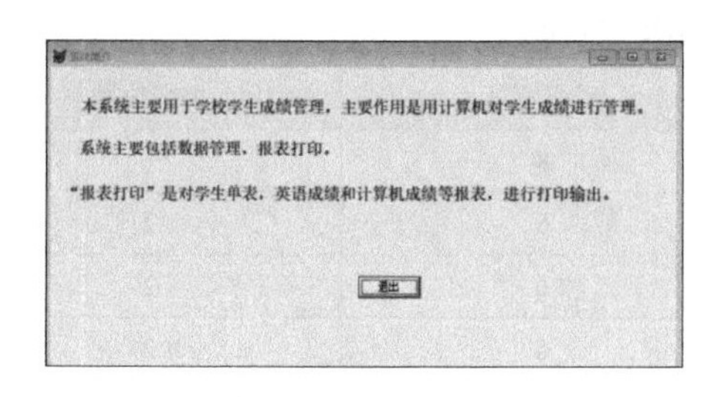

图 9-4　系统简介表单

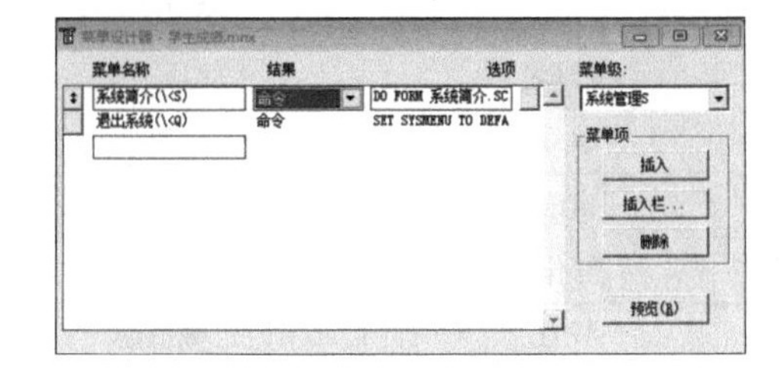

图 9-5　“退出系统”窗口

(5) 关于系统表单的设计

关于系统表单主要是显示该系统的版本号和版权信息，它由系统菜单中的“系统帮助”菜单项启动。关于系统表单如图 9-6 所示。

(6) 数据维护表单的设计

数据维护表单主要是完成对学生成绩信息等原始数据进行维护的窗口，包括增加、删除、修改等功能，它由系统菜单中的“数据维护”菜单项启动，然后由“数据维护”子菜单调用学生登记表表单。“学生登记表 . dbf”的数据维护表单如图 9-7 所示。

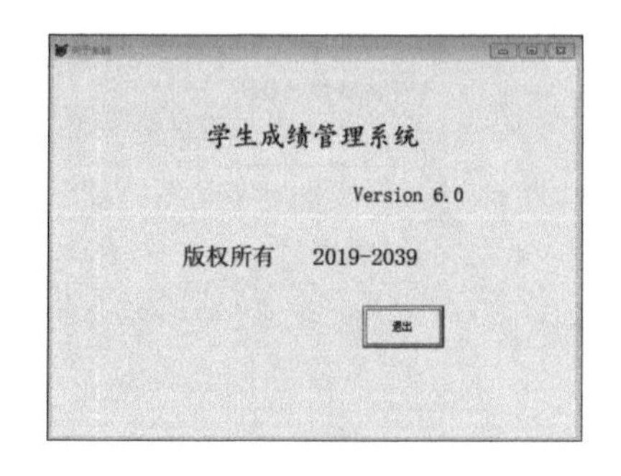

图 9-6　“关于系统”窗口

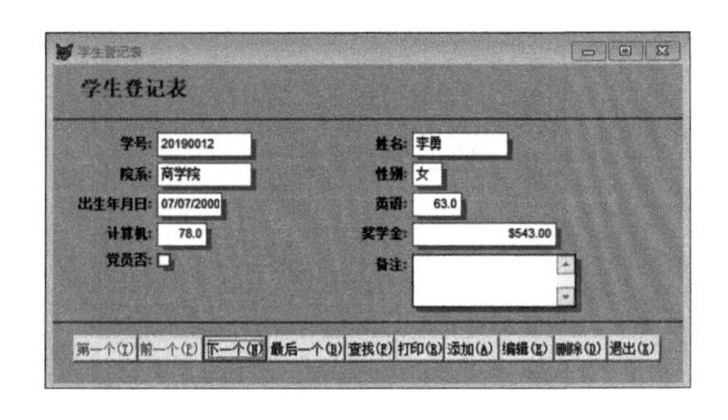

图 9-7　“学生登记表”窗口

(7) 数据浏览表单的设计

数据浏览表单主要是完成对学生英语成绩和计算机成绩信息等原始数据、数据查询结果进行显示，它由系统菜单中的“数据浏览”菜单下的相应菜单项启动。如果数据浏览表单的功能全面实用，将会使数据库中的数据资源得到更好的利用。“英语成绩表 . dbf”的数据浏览表单如图 9-8 所示。“计算机成绩表 . dbf”的数据浏览表单如图 9-9 所示。

(8) 数据查询表单的设计

数据查询表单主要是对学生成绩信息等原始数据进行检索、排序、分类、重新组织等操作，它由系统表单中的“数据查询”菜单下的相应菜单项启动。

数据查询表单设计往往形式各异，可以充分展现数据库应用系统开发者的不同构思。本例采用一对多表单向导完成设计，并添加一条直线和一个表格控件，在“JSJ. dbf”表中右击，对表格生成器进行设置，如图 9-10 所示。

对表“XSDB. dbf”的数据，按“学号”或“院系”进行数据查询的表单如图 9-11 所示。

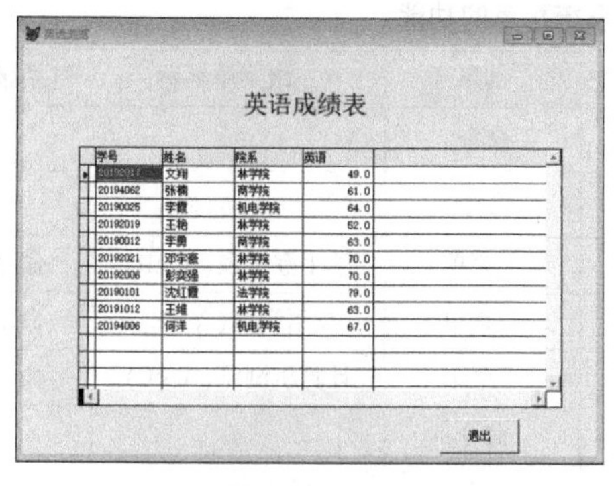

图 9-8　英语成绩浏览界面

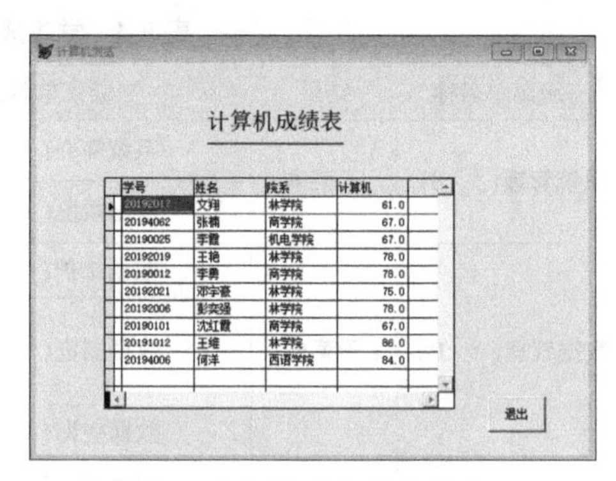

图 9-9　计算机成绩浏览界面

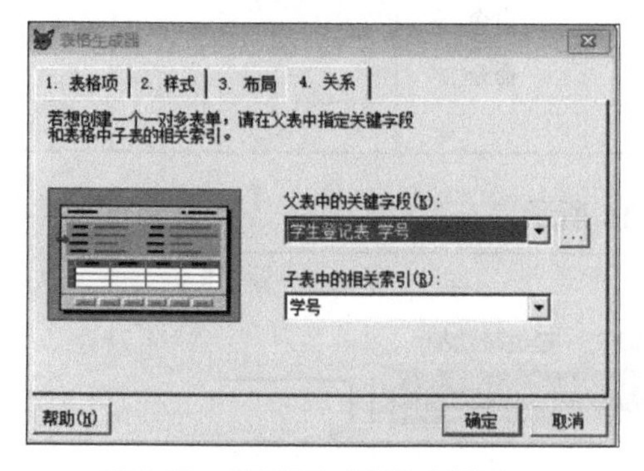

图 9-10　“表格生成器”对话框

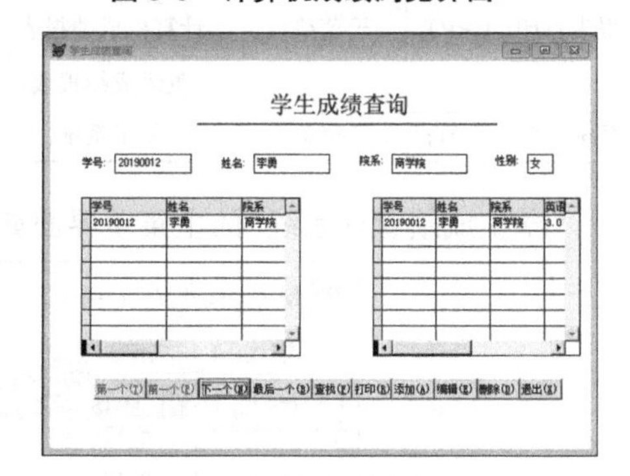

图 9-11　学生成绩查询

(9)数据报表设计

最后的报表设计如图 9-12 至图 9-14 所示。

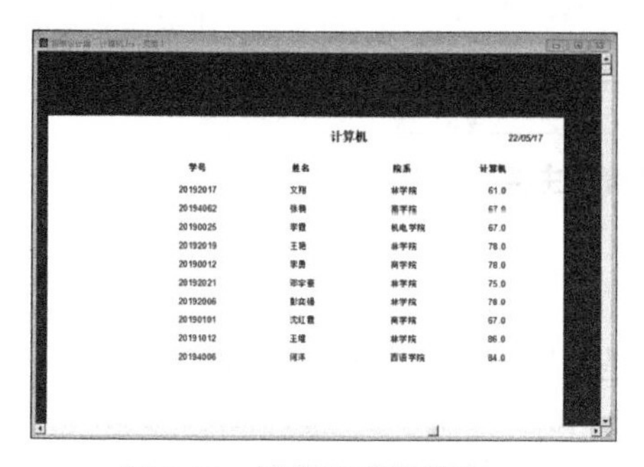

图 9-12　计算机成绩报表

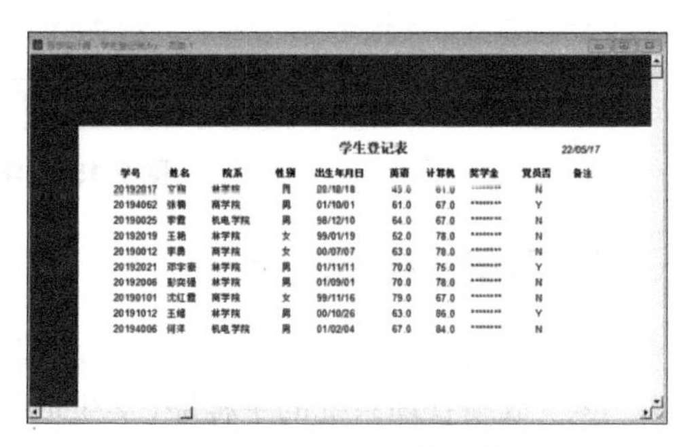

图 9-13　学生登记表报表

5）系统主菜单设计

系统主菜单是用来控制数据库应用系统的各功能模块的操作。“学生成绩管理系统”的主菜单是通过系统登录表单调用的，其调用命令为：DO 学生成绩 . frx。

“学生成绩管理系统”主菜单的功能见表 9-4 所列。

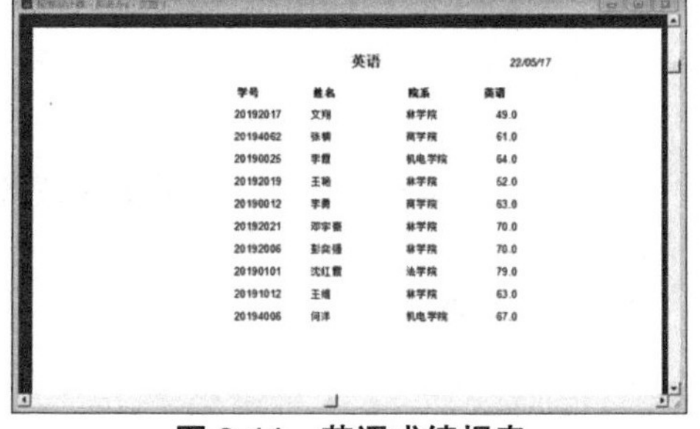

图 9-14　英语成绩报表

表 9-4　学生成绩管理系统菜单的功能

一级菜单名称	结果	二级菜单名称	结果	三级菜单名称	结果
系统管理(\ <S)	子菜单	系统简介(\ <S)	命令		
		退出系统(\ <Q)	命令		
数据管理(\ <D)	子菜单	数据维护(\ <S)	子菜单	学生登记表(\ <D)	命令
		数据浏览(\ <G)	子菜单	英语浏览(\ <E)	命令
			子菜单	计算机浏览(\ <C)	命令
		数据查询(\ <Q)	命令		
报表打印(\ <P)	子菜单	学生登记表报表(\ <D)	命令		
		计算机成绩报表(\ <C)	命令		
		英语成绩报表(\ <E)	命令		
系统帮助(\ <H)	子菜单	关于系统(\ <A)			

“学生成绩管理系统”的主菜单界面如图 9-15 所示。

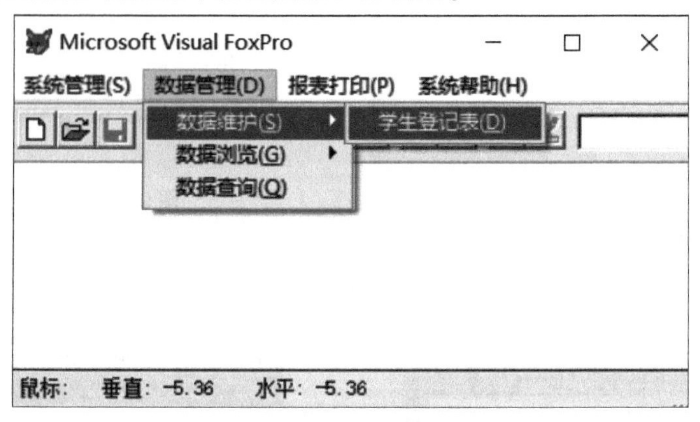

图 9-15　学生成绩管理主菜单

6）系统主程序设计

主程序是一个数据库应用系统的总控部分，是系统首先要执行的程序。

学生成绩管理系统的主程序(学生成绩 . prg)如下：

```
set talk off
set defa to d:\学生成绩管理          && 设置文件默认路径
close all
do form forms \系统界面
modi wind screen titl '学生成绩管理系统'
clea
do 学生成绩 .mpr                    && 菜单文件名定为学生成绩管理菜单
read events                         && 建立事件循环
quit                                && 退出 Visual FoxPro
```

7）系统部件组装

①选择菜单“文件”→“新建”命令，进入“新建”对话框。

②在“新建”→“项目”→“向导”→“应用程序向导”对话框中，输入要创建项目的文件名“学生成绩管理．pjx”，单击“确定”按钮进入“项目管理器”，如图 9-16 所示。

③“项目管理器”→“数据”→“数据库”选项。

④单击“添加”按钮，进入“打开”对话框，选择“成绩管理．dbc”文件。

⑤单击“确定”按钮，把数据库“成绩管理．dbc”添加到“项目管理器”中，如图 9-17 所示。

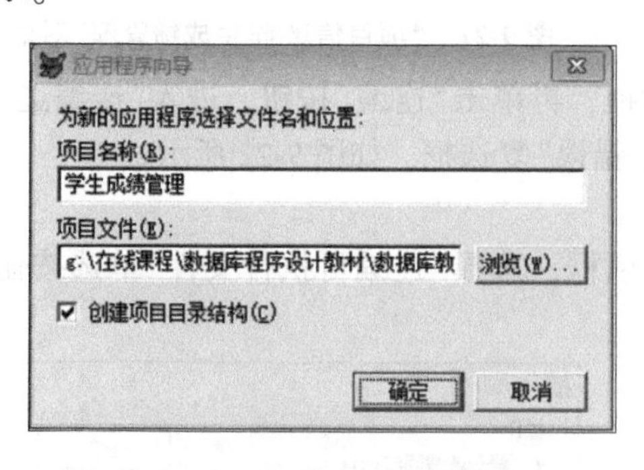

图 9-16 “应用程序向导”对话框

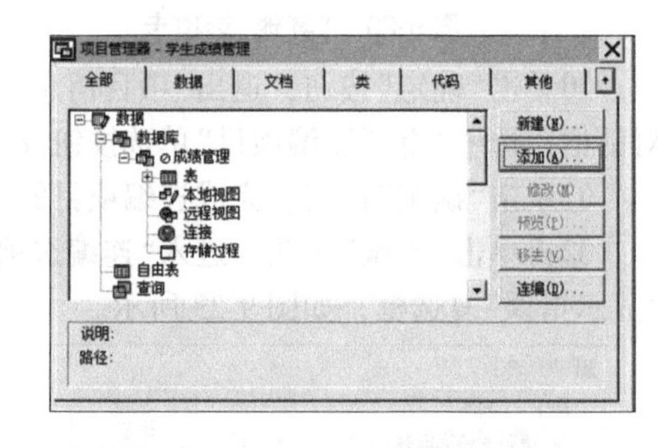

图 9-17 “项目管理器”对话框

⑥选择“全部”选项卡，将表单“关于系统.scx”“计算机浏览.scx”“数据查询.scx”“系统登录.scx”“系统简介.scx”“系统界面.scx”“学生登记表.scx”“英语浏览.scx”及报表“计算机成绩表.frx”“英语成绩表.frx”“学生登记表.frx”添加到“项目管理器”中，如图 9-18 所示。

⑦选择“代码”选项卡，将程序文件“学生成绩.prg”添加到“项目管理器”中，然后选中“学生成绩”并单击右键，在弹出的快捷菜单中选择“设置主文件”命令，将程序文件“学生成绩.prg”设置为主文件，如图 9-19 所示。

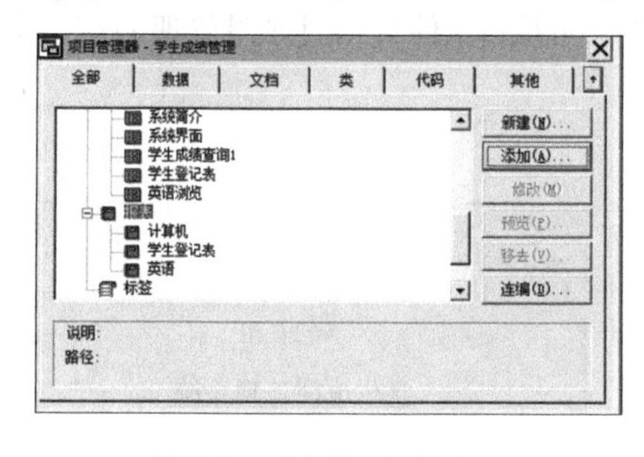

图 9-18 “全部”选项卡

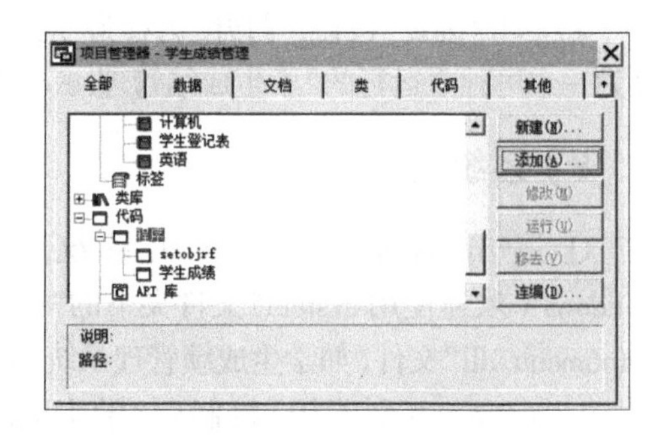

图 9-19 “代码”选项卡

⑧选择“其他”选项卡，将菜单“学生成绩．mnx”添加到“项目管理器”中，如图 9-20 所示。

⑨在“项目”主菜单中，选择“项目信息”选项，打开“项目信息”对话框，设置系统开发者的相关信息、系统桌面图标及是否加密等项目信息的内容，如图 9-21 所示。

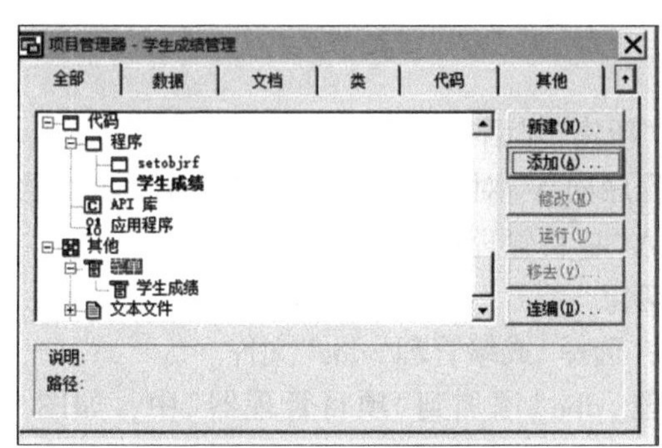

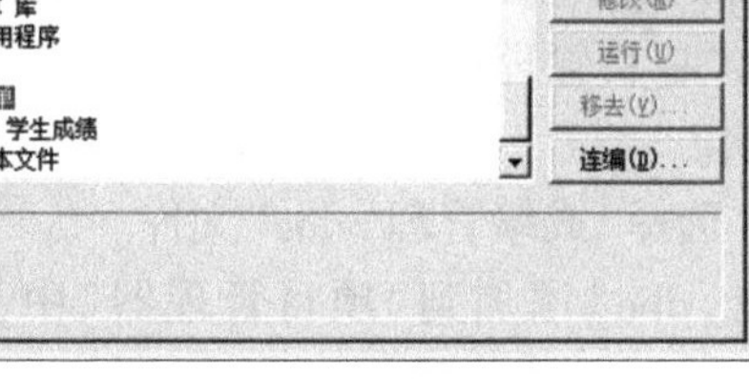

图 9-20 “其他”选项卡

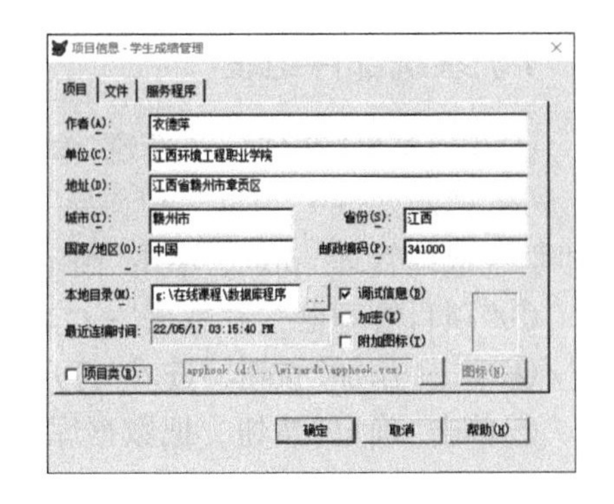

图 9-21 “项目信息_学生成绩管理”对话框

⑩单击“确定”按钮，退出“项目信息”对话框，再单击“连编”按钮，进入“连编选项”对话框，选中“重新连编项目”单选按钮及“显示错误”复选框，如图 9-22 所示。

⑪单击“确定”按钮，完成连编项目的操作。

⑫再单击“连编”按钮，进入“连编选项”对话框，选择“连编可执行文件”单选按钮及“显示错误”复选框，如图 9-23 所示。

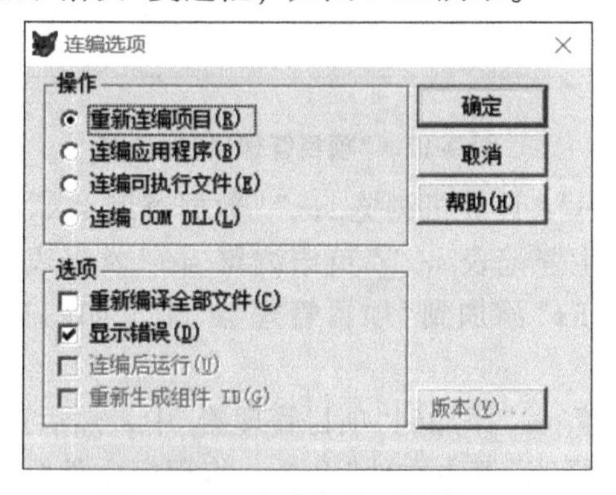

图 9-22 “连编选项”对话框 1

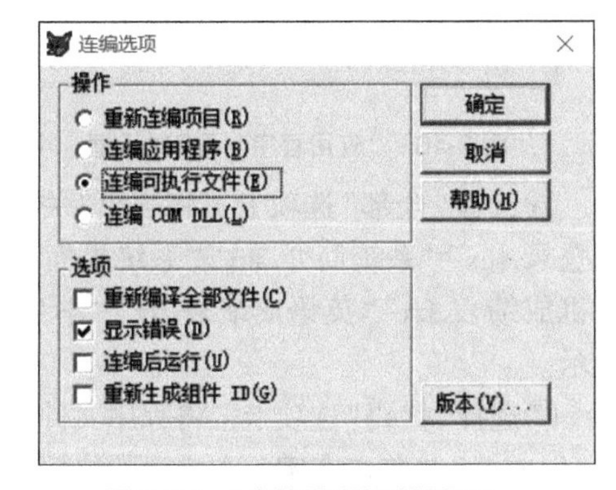

图 9-23 “连编选项”对话框 2

⑬单击“确定”按钮，打开“另存为”对话框，输入可执行文件名“学生成绩管理. exe”，即编译为一个可独立运行的“学生成绩管理. exe”文件。

8）系统运行

①退出 Visual FoxPro 6.0 系统，将“C: Windows \ 欢迎使用 system”文件夹下的“vfp6r. dll”“vfp6menu. dll”文件(如学生成绩管理系统中安装了 Visual FoxPro 6.0 则不用)复制到“学生成绩管理 .exe”文件所在的文件夹中，然后双击“学生成绩管理.exe”文件，即开始运行“学生成绩管理系统”，如图 9-24 所示。

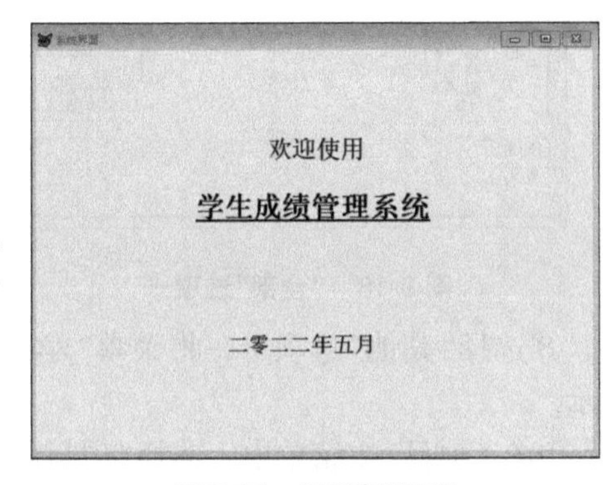

图 9-24 “系统界面”

②当窗体运行 5 秒后或窗体上单击鼠标或按任意键，则进入“系统登录”窗口，选择管理员

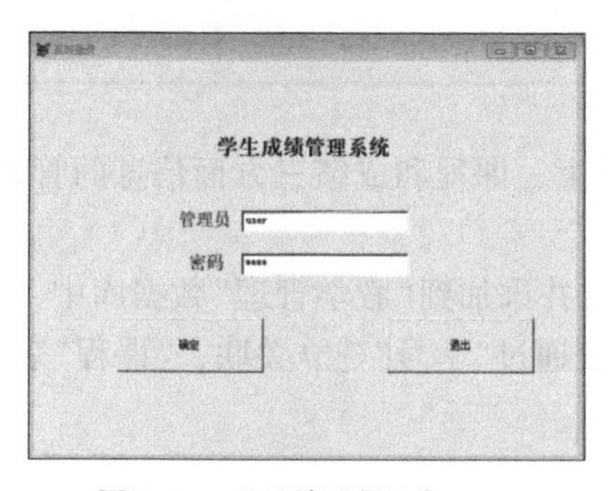

图 9-25 “系统登录”窗口

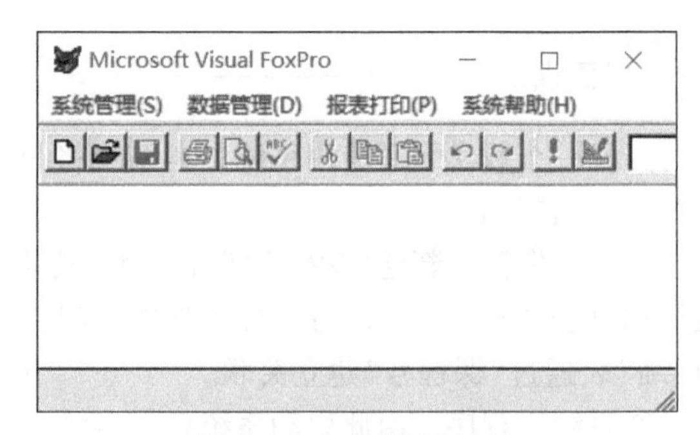

图 9-26 运行菜单界面

为“user”并输入密码“user”（即管理员和密码相同为正确登录），如图 9-25 所示。

③单击“确定”按钮，进入系统主菜单界面，如图 9-26 所示。

9）创建发布磁盘

①在 Visual FoxPro 6.0 系统主菜单下，选择菜单“工具”→“向导”→“安装”命令，启动“安装向导”，进入“步骤 1-定位文件”对话框，即建立发布树目录。

②单击“下一步”按钮，进入“步骤 2-指定组件”对话框，指定应用程序使用或支持的可选组件。

③单击“下一步”按钮，进入“步骤 3-磁盘映像”对话框，为应用程序指定不同的安装磁盘类型及磁盘映像目录。

④单击“下一步”按钮，进入“步骤 4-安装选项”对话框，指定安装程序对话框标题及版权信息等内容。

⑤单击“下一步”按钮，进入“步骤 5-默认目标目录”对话框，指定应用程序默认目标目录名及程序组名。

⑥单击“下一步”按钮，进入“步骤 6-改变文件设置”对话框，显示所有选项的结果，在文件列表中找到编译的“学生成绩管理.exe”文件，单击其右面的程序管理器小方框，弹出“程序组菜单项”对话框，在“说明”文本框中输入开始菜单中启动该软件的图标说明“学生成绩管理系统”，在命令行中输入“%学生成绩管理.exe”，再单击“图标”按钮，选择一个图标，然后单击“确定”按钮。

⑦单击“下一步”按钮，进入“步骤 7-完成”对话框。

⑧单击“完成”按钮，“安装向导”用 4 步完成创建工作，并给出“安装向导磁盘统计信息”。

⑨单击“完成”按钮，结束应用程序的磁盘发布操作，系统在“D：学生成绩管理”文件夹下会生成 disk 文件夹，即为该系统的发布磁盘。分别把 disk144 文件夹下的子文件夹 disk1、disk2、disk3 复制到 3 张光盘上，安装时从第一张盘开始，运行 setup.exe 文件即可。

考核评价

评价内容	按要求完成任务情况(60 分)	自我评定(20 分)	同学评定(20 分)
得分			
合计			

巩固训练

开发一个教学管理应用系统。本系统将只涉及学生、课程和成绩三方面信息的管理。系统基本组成如下：

①数据资源　新建“学生”“课程”和“成绩”3 个表并添加到“教学管理”数据库中，各表结构见表 9-5 至表 9-7。其中，“学生”表与“成绩”表通过“学号”建立关联，“课程”表与“成绩”表通过“课程号”建立关联。

②系统主程序　由此启动系统登录表单。

③系统菜单　使用户可以方便、快捷地控制整个系统的操作。

④系统登录表单　用以防止非法用户使用本系统。

⑤数据录入表单　提供数据资源的输入与编辑界面，有“学生名单”“课程信息”和“学生成绩”3 张表单。

⑥查询统计表单　提供数据信息检索与汇总的显示界面，有“课程查询”“成绩查询”和“信息汇总”3 张表单。

⑦报表　打印输出需要保留的信息，有“学生名单”“课程信息”和“成绩单”3 张报表。

⑧数据库维护表单　供高级操作人员直接对数据库和数据表进行操作。

表 9-5　“学生”表结构

字段	字段名	类型	宽度	字段	字段名	类型	宽度
1	学号	字符型	8	5	系别	字符型	10
2	姓名	字符型	6	6	贷款否	逻辑性	1
3	性别	字符型	2	7	简历	备注型	4
4	出生日期	日期型	8	8	照片	通用性	4

表 9-6　“课程”表结构

字段	字段名	类型	宽度	字段	字段名	类型	宽度
1	课程号	字符型	3	3	学时	数值型	3
2	课程名	字符型	20	4	学分	数值型	2

表 9-7　“成绩”表结构

字段	字段名	类型	宽度	小数位数	NULL 值
1	学号	字符型	8	—	—
2	课程号	字符型	3	—	—
3	成绩	数值型	5	1	√

参 考 文 献

丁爱萍，2012. Visual FoxPro 程序设计教程[M]. 3 版. 西安：西安电子科技大学出版社.

杜小丹，王超，2020. Visual FoxPro 数据库程序设计教程[M]. 北京：科学出版社.

段兴，2003. Visual FoxPro 实用程序 100 例[M]. 北京：人民邮电出版社.

郝桂英，王静，2016. 数据库原理及应用教程(Visual FoxPro)[M]. 北京：北京理工大学出版社.

教育部考试中心，2008. 全国计算机等级考试二级教程——Visual FoxPro 程序设计[M]. 北京：高等教育出版社.

李武，姚珺，2013. Visual FoxPro 6.0 程序设计[M]. 成都：电子科技大学出版社.

李玉丽，崔天明，刘玮，2015. Visual FoxPro 程序设计[M]. 北京：北京邮电大学出版社.

李正凡，2007. Visual FoxPro 数据库程序设计教程[M]. 北京：中国水利水电出版社.

刘宏，杨红，2008. Visual FoxPro 程序设计教程[M]. 北京：清华大学出版社，北京交通大学出版社.

卢湘鸿，2019.. Visual FoxPro 6.0 数据库与程序设计[M]. 4 版. 北京：电子工业出版社.

卢雪松，2012. Visual FoxPro 教程[M]. 4 版. 南京：东南大学出版社.

卢雪松，2012. Visual FoxPro 实验与测试[M]. 4 版. 南京：东南大学出版社.

孙淑霞，丁照宇，肖阳春，2005. Visual FoxPro 程序设计教程[M]. 北京：电子工业出版社.

王凤领，2017. Visual FoxPro 数据库程序设计教程[M]. 4 版. 北京：中国水利水电出版社.

王永国，2012. Visual FoxPro 程序设计实训与考试指导[M]. 2 版. 北京：高等教育出版社.

周凯，杨永，顾洪博，2021. Visual FoxPro 数据库与程序设计能力提升训练[M]. 北京：中国石化出版社有限公司.

邹显春，李盛瑜，周雄，2015. Visual FoxPro 程序设计实践教程[M]. 2 版. 重庆：重庆大学出版社.